NCS기반에 따른 직무능력표준 학습모듈

기초커트

- **박춘란 / 장송주** 共著

머리말
PREFACE

　최근 우리나라 교육계는 NCS(국가직무능력표준)를 도입하여 산업현장의 요구에 따른 교육과정 개편을 토대로 일(산업체)-교육(학습)-자격의 유기적 연계를 강화하기 위한 시도를 하고 있는 실정이다. 수행준거에 따른 교육목표 분류체계는 교육과정을 개발하거나 수업에 적용할 때, 문제해결력, 창의력, 자주적 생활 능력을 길러줄 수 있는 교육과정 및 성취기준의 개발, 교과서 개발에도 활용될 수 있으며, 학습목표는 학습내용과 평가의 나침반으로 학업성취에도 기여할 수 있을 것이다. 산업계는 산업현장에서 필요한 능력이 무엇인지 NCS를 개발하여 학교에 알려주고, 학교는 NCS기반 교육과정을 편성·운영하면 인력수급 불일치 현상을 어느 정도 완화할 수 있을 것이다. 산업현장의 직무를 성공적으로 수행하기 위해 요구되는 지식·기술·소양 등의 내용을 국가 차원에서 체계적인 시스템을 체계화한 NCS로 직무 교육을 시행해야 한다. 이를 반영한 본 교재의 구성은 다음과 같다.

　제1장에서는 헤어미용 중 기초커트 관련 능력단위 및 수행준거, 지식, 기술, 태도에 대한 진단평가 및 교과목명세서를 제시하였다.

　제2장에서는 헤어커트 및 두상에 대한 이해, 커트도구의 종류 및 사용법, 커트의 종류, 절차, 기법 등에 대한 이론을 다루었다.

　제3장에서는 헤어커트를 실제 작업하는 과정 및 결과를 워크북 형태로 완성할 수 있도록 하였다.

　학문은 위에서 차례차례 밟아 내려오는 상학하달(上學下達)의 공부와 차근차근 밟아 올라가는 하학상달(下學上達)의 공부로 나뉘는데 미용은 하학상달하는 공부이다. 의욕만 가지고 대뜸 윗 단계로 건너뛸 수 없고 기본기를 알아야만 다음 단계를 잘 할 수 있다. 바탕을 다지는 것이 처음에는 느려 보여도 단계를 밟아 차근차근 나아가는 공부를 한다면 미용인으로서 성공할 수 있을 것이라 본다.
　'앞을 볼 수 없는 것 보다 더 최악인 것은 앞이 보이지만 비전이 없는 인생이다'고 헬렌켈러는 말했습니다. 미용에 처음 입문하는 여러분! 여러분이 헤어미용에 기초부터 실력을 길러서 비전 있는 미용인으로 성장하시기를 기원합니다.

2018년 1월
저자 일동

차 례
CONTENTS

제1장 NCS(국가직무표준능력) 헤어미용 파악하기 3

Ⅰ. NCS 개요 ▶ 4
  1. NCS개념 ■ 4
  2. NCS 학습모듈 개념 ■ 4

Ⅱ. NCS 헤어미용 개요 ▶ 6
  1. 직업기초능력 과정 ■ 6
  2. NCS에 따른 미용관련 직무정의 ■ 6
  3. NCS에 따른 헤어미용 직무내용 ■ 7
  4. NCS에 따른 헤어미용 직무능력단위 ■ 7
  5. 기초커트 교과목명세서 ■ 8
  6. 진단평가 ■ 13

제2장 헤어커트 이론 15

Ⅰ. 헤어커트의 이해 ▶ 16
  1. 헤어커트의 개념 ■ 16
    (1) 헤어커트 ■ 16
    (2) 헤어디자이너의 역할 ■ 16
  2. 헤어디자인의 이해 ■ 17
    (1) 헤어디자인 ■ 17
    (2) 디자인의 기본요소 ■ 17
    (3) 디자인의 법칙 ■ 19

Ⅱ. 두상의 이해 ▶ 22
  1. 두부의 명칭 ■ 22
  2. 두부 기본 라인 ■ 23

Ⅲ. 커트 도구의 종류 및 사용법 ▶ 25
  1. 가위의 명칭 ■ 25
  2. 가위의 손질 및 보관법 ■ 25
  3. 가위의 종류 및 용도 ■ 26
  4. 가위 쥐는 자세 ■ 26
  5. 레이저 ■ 27
  6. 레이저의 손질 및 보관법 ■ 28
  7. 레이저의 선택법 ■ 28
  8. 빗 ■ 28
  9. 기타 도구 ■ 29

Ⅳ. 커트의 종류 ▶ 30

Ⅴ. 커트의 절차 ▶ 34

제3장 헤어커트의 실제 ▫ 45

Ⅰ. 솔리드형(패러럴) ▶ 46
1. 솔리드형(패러럴) 커트의 7가지 절차 ▪ 46
2. 솔리드형(패러럴) 실제 ▪ 48

Ⅱ. 솔리드형(스파니엘) ▶ 54
1. 솔리드형(스파니엘) 커트의 7가지 절차 ▪ 54
2. 솔리드형(스파니엘) 실제 ▪ 56

Ⅲ. 솔리드형(이사도라) ▶ 62
1. 솔리드형(이사도라) 커트의 7가지 절차 ▪ 62
2. 솔리드형(이사도라) 실제 ▪ 64

Ⅳ. 솔리드형(머쉬룸) ▶ 70
1. 솔리드형(머쉬룸) 커트의 7가지 절차 ▪ 70
2. 솔리드형(머쉬룸) 실제 ▪ 72

Ⅴ. 그래쥬에이션형 ▶ 78
1. 그래쥬에이션형 커트의 7가지 절차 ▪ 78
2. 그래쥬에이션형 실제 ▪ 80

Ⅵ. 인크리스레이어형 ▶ 86
1. 인크리스레이어형 커트의 7가지 절차 ▪ 86
2. 인크리스레이어형 실제 ▪ 88

Ⅶ. 유니폼레이어형 ▶ 92
1. 유니폼레이어형 커트의 7가지 절차 ▪ 92
2. 유니폼레이어형 실제 ▪ 94

Ⅷ. 레이어형 재커트 ▶ 100
1. 레이어형 재커트 커트의 7가지 절차 ▪ 100
2. 레이어형 재커트 실제 ▪ 101

- **실습노트** ▶ 105
- **수행평가** ▶ 125

제4장 헤어커트의 분석 ▫ 131

Ⅰ. 커트 분석 ▶ 132

Ⅱ. 커트 분석 ▶ 146

참고문헌 ▫ 160

에듀컨텐츠·휴피아

NCS기반에 따른 직무능력표준 학습모듈

기초커트

· 박춘란 / 장송주 共著

HAIR CUT ✂
제1장

NCS(국가직무표준능력) 헤어미용 파악하기

Ⅰ. NCS(국가직무표준능력) 개요
Ⅱ. NCS 헤어미용 개요

Ⅰ. NCS(국가직무표준능력) 개요

1. NCS 개념

　국가직무능력표준(NCS: National Competency Standards, 이하 NCS로 기술)이란 '학벌이 아닌 능력중심 사회 구현'을 위해 산업현장에서 직무를 수행하기 위해 요구되는 지식·기술·소양 등의 내용을 국가가 산업부문별·수준별로 체계화한 것을 말한다. NCS는 고용노동부가 주관이 되어 만든 직무표준으로 한 개인이 자신의 직업에서 업무를 성공적으로 수행하기 위하여 요구되는 능력을 과학적이고 체계적으로 도출하여 국가적 차원에서 표준화 작업을 진행한 것이다.
　교육부 발표에 의하면 학교 교육내용과 현장에서 요구하는 직무, 능력간의 질적 양적 미스매치를 해소하여 '알기만하는 교육'에서 할 줄 아는 교육'으로 개선할 수 있다고 보고되었다.
　NCS는 우리나라 모든 직종(11,655)에 요구되는 핵심능력을 제시하기 위해 한국고용직업분류 형태로 2015년을 기준으로 대분류 24개, 중분류 77개, 소분류 227개, 세분류 857개로 구성이 되어 있다. 분류체계 중세분류는 직무를 지칭하고 세분류 단위에서 NCS가 개발된다. 세분류는 NCS의 기본 구성 요소인 능력단위로 구성이 되어 있는데 능력단위는 능력단위분류번호, 능력단위정의, 능력단위요소(수행준거, 지식·기술·태도), 적용범위 및 직장생활, 평가지침, 직업기초능력으로 구성되어 있다. 그리고 NCS 능력단위를 학습할 수 있도록 NCS의 능력 요소를 이론 및 실습 관련 내용으로 고용부에서 제시한 NCS 능력단위를 기준으로 하여 교육계와 산업계가 학습목표, 내용, 교수학습 방법, 평가 및 피드백 등을 포함하여 제작된다. 이러한 학습모듈은 산업현장의 직무변화에 따른 내용을 유연하게 반영하며, 산업현장의 직무를 수행하기 위해 수행 중심 내용으로 구성되어 있다.

2. NCS 학습모듈 개념

　NCS 학습모듈은 NCS의 능력단위를 교육훈련에서 학습할 수 있도록 구성한 '교수·학습 자료'이며 현장의 '직무 요구서'이다. NCS학습모듈은 구체적 직무를 학습할 수 있도록 이론 및 실습과 관련된 내용을 상세하게 제시하고 있다.
　능력단위란 특정 직무에서 업무를 성공적으로 수행하기 위하여 요구되는 능력을 교육훈련 및 평가가 가능한 기능 단위로 개발한 것이고, 능력단위요소란 해당 능력단위를 구성하는 중요한 범위 안에서 수행하는 기능을 도출한 것으로 각 능력단위요소별로 능력의 성취여부를 판단하기 위해 개인들이 도달해야 하는 수행의 기준을 제시한 것이 수행준거이다. 학습모듈 하나가 전문교과로 될 수도 있고, 복수의 학습모듈이 합해져서 하나의 전문교과가 될 수 있으니 교수자는 교육과정을 설계하고 교재를 개발하는 능력을 향상시켜야 한다.

■ NCS 학습 모듈 ■

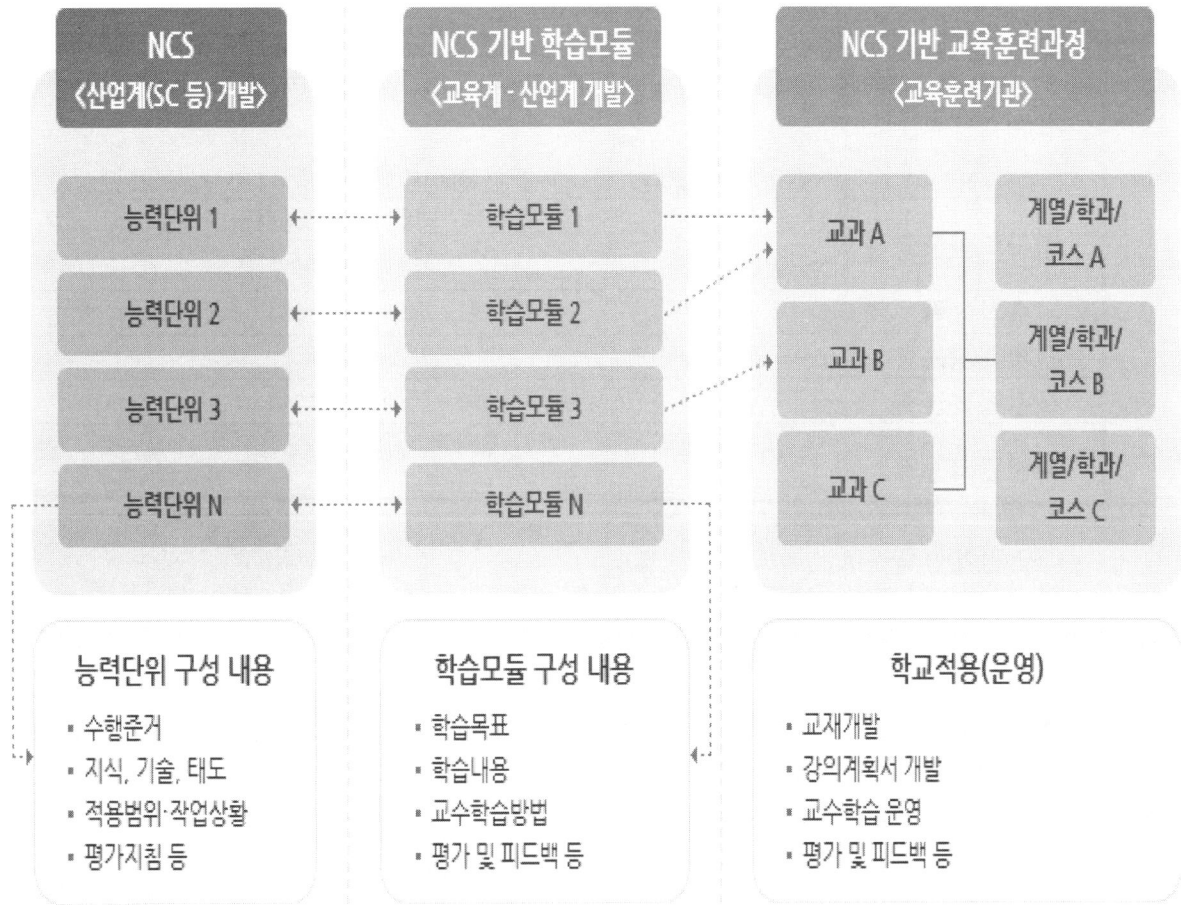

II. NCS 헤어미용 개요

1. 직업기초능력 과정

직업기초능력	-직업인으로서 갖추어야 할 기본적인 소양을 함양 -능력단위별로 업무 수행을 위해 기본적으로 갖추어야 할 직업능력 -훈련과정 편성 시 전체 훈련시간의 10% 이하로 자율편성
의사소통능력	-문서이해능력, 문서작성능력, 경청능력, 의사표현능력, 기초외국어능력
수리능력	-기초연산능력, 기초통계능력, 도표분석능력, 도표작성능력
문제해결능력	-사고력, 문제처리능력
자기계발능력	-자아인식능력, 자기관리능력, 경력개발능력
자원관리능력	-시간자원관리능력, 예산자원관리능력, 물적자원관리능력, 인적자원관리능력
대인관계능력	-팀워크능력, 리더십능력, 갈등관리능력, 협상능력, 고객서비스능력
정보능력	-컴퓨터활용능력, 정보처리능력
기술능력	-기술이해능력, 기술선택능력, 기술적용능력
조직이해능력	-국제감각, 조직체제이해능력, 경영이해능력, 업무이해능력
직업윤리	-근로윤리, 공동체윤리

2. NCS에 따른 미용관련 직무정의

직무명	직무정의
헤어미용	헤어미용은 헤어미용시술을 원하는 고객의 미적 요구와 정서적 만족감 충족을 위해 미용기기와 제품을 활용하여 샴푸, 헤어커트, 헤어퍼머넌트웨이브, 헤어컬러, 두피·모발관리, 헤어스타일 연출, 메이크업 등의 서비스를 고객에게 제공하는 일이다.

제1장 NCS(국가직무표준능력) 기초커트 파악하기

3. NCS에 따른 헤어미용 직무내용

인력 양성유형	주요 직무내용	관련 세분류(NCS)	
		소분류	세분류
헤어미용	-두피 및 모발분석 직무 -샴푸잉 직무 -두피 및 모발케어진단 -헤어디자인상담 직무 -헤어커트직무 -퍼머넌트웨이브직무 -헤어컬러링 직무 -헤어셋팅직무 -블로우드라이 직무 -아이론 직무 -업스타일 직무	이·미용	-공통 -헤어미용

4. NCS에 따른 헤어미용 직무능력단위

	헤어미용	
1	1201010101_16v3	미용업 안전위생 관리
2	1201010112_16v3	두피·모발 관리
3	1201010113_16v3	헤어미용 전문제품사용
4	1201010116_16v3	고객응대 서비스
5	1201010117_16v3	헤어서비스 준비
6	1201010118_16v3	헤어샴푸
7	1201010119_16v3	특수목적 샴푸
8	1201010120_16v3	베이직 헤어펌
9	1201010121_16v3	헤어 롤 펌
10	1201010122_16v3	매직프레스 헤어펌
11	1201010123_16v3	베이직 드라이
12	1201010124_16v3	헤어컬러 분석
13	1201010125_16v3	베이직 헤어컬러
14	1201010126_16v3	그레이 헤어컬러
15	1201010127_16v3	헤어커트 도구사용
16	1201010128_16v3	원랭스 헤어커트
17	1201010129_16v3	고객관계관리
18	1201010130_16v3	헤어스타일 상담
19	1201010131_16v3	그래쥬에이션 헤어커트

20	1201010132_16v3	레이어 헤어커트
21	1201010133_16v3	쇼트 헤어커트
22	1201010134_16v3	디자인 헤어펌
23	1201010135_16v3	디지털세팅 헤어펌
24	1201010136_16v3	볼륨 매직펌
25	1201010137_16v3	디자인 헤어컬러
26	1201010138_16v3	베이직 업스타일
27	1201010139_16v3	웨이브 드라이
28	1201010140_16v3	헤드스파케어
29	1201010141_16v3	불만족고객관리
30	1201010142_16v3	헤어스타일 분석
31	1201010143_16v3	헤어디자인 개발
32	1201010144_16v3	콤비네이션 헤어커트
33	1201010145_16v3	크리에이티브 헤어커트
34	1201010146_16v3	크리에이티브 헤어컬러
35	1201010147_16v3	크리에이티브 업스타일
36	1201010148_16v3	전통 헤어스타일 연출
37	1201010149_16v3	가발 헤어스타일 연출
38	1201010150_16v3	디자인헤어타투
39	1201010151_16v3	미용업 홍보관리
40	1201010152_16v3	미용업 재고관리
41	1201010153_16v3	미용업 재무관리
42	1201010154_16v3	미용업 인사관리
43	1201010155_16v3	미용업 교육관리

5. 기초커트 교과목명세서

교과목명		기초 커트	
직무 및 능력단위	직무명	NCS 학습모듈 (교수·학습 지침)	능력단위명 (능력단위코드)
	미용사 (일반)	개편	헤어커트 도구사용(1201010127_16v3) 원랭스 헤어커트(1201010128_16v3) 그래쥬에이션헤어커트(1201010131_16v3) 레이어 헤어커트(1201010132_16v3)
능력단위 요소 및 수행준거	능력단위요소명	수행준거	NCS 적용 여부
	헤어커트 빗과 가위 사용하기	1.1 헤어커트 목적에 따라 헤어커트 빗과 가위를 구분하여 선택할 수 있다. 1.2 헤어커트 빗을 사용하여 블로킹, 섹션(슬라이스), 빗질 등을 할 수 있다.	적용

		1.3 헤어커트 빗과 헤어커트 가위를 사용하여 올바른 자세로 커트할 수 있다. 1.4 헤어커트 가위를 수평, 수직, 사선의 형태로 커트할 수 있다.
	원랭스 헤어커트하기	1.1 고객에게 어깨보, 커트보 등을 착용해 줄 수 있다. 1.2 헤어커트 유형에 따라 모발의 수분 함량을 조절하거나 오염이 심한 모발은 사전 샴푸를 할 수 있다. 1.3 헤어커트 도구 및 공간을 정리하여 작업을 준비할 수 있다. 1.4 원랭스 스타일(수평, 사선)에 따라 블로킹과 섹션을 정확하게 사용할 수 있다. 1.5 헤어커트용 블런트 가위와 헤어커트 빗을 사용한 올바른 커트동작으로 원랭스 블런트 커트를 완성할 수 있다. 1.6 커트 후 양쪽의 바란스 및 완성도를 체크할 수 있다.
	원랭스 헤어커트 마무리하기	2.1 고객의 얼굴과 목 등에 남아있는 머리카락을 제거할 수 있다. 2.2 헤어커트 후 고객 만족을 파악하여 필요한 경우 수정 및 보정커트를 할 수 있다. 2.3 헤어커트 후 원랭스 스타일에 따라 모발을 건조하여 마무리할 수 있다. 2.4 사용한 헤어커트 도구는 청결하게 관리하고 주변을 정리·정돈할 수 있다.
	그래쥬에이션 헤어커트하기	1.1 그래쥬에이션 스타일에 따른 블로킹과 섹션을 할 수 있다. 1.2 그래쥬에이션 스타일에 따른 빗질의 방향과 각도를 조절할 수 있다. 1.3 빗과 커트도구를 정확하게 사용하여 그래쥬에이션 커트를 할 수 있다. 1.4 모량조절이 필요한 부분에 틴닝가위를 사용할 수 있다. 1.5 가위 또는 클리퍼를 사용하여 아웃라인을 정리할 수 있다.
	그래쥬에이션 헤어커트 마무리하기	2.1 고객의 얼굴과 목 등의 머리카락을 제거할 수 있다. 2.2 헤어커트 후 고객 만족을 파악하여 필요한 경우 수정 및 보정 커트를 할 수 있다. 2.3 그래쥬에이션 커트에 어울리게는 스타일로 마무리 할 수 있다. 2.4 사용한 헤어커트 도구는 청결하게 관리하고 주변을 정리·정돈할 수 있다.
	레이어 헤어커트하기	1.1 레이어 헤어커트 스타일에 따른 블로킹과 섹션을 할 수 있다. 1.2 레이어 헤어커트 스타일에 따른 빗질의 방향과 각도를 조절할 수 있다. 1.3 헤어커트 빗과 가위를 정확하게 사용하여 레이어 커트를 할 수 있다. 1.4 쇼트 레이어 커트에 싱글링 테크닉을 활용할 수 있다.

		1.5 모량조절이 필요한 부분에 티닝가위를 사용할 수 있다.		
	레이어 헤어커트 마무리하기	2.1 고객의 얼굴과 목 등의 머리카락을 제거할 수 있다. 2.2 서비스 후 고객 만족도를 파악하여 필요한 경우 수정·보완커트를 할 수 있다. 2.3 서비스가 종료 된 후 사용한 헤어커트 도구와 주변을 즉시 정리·정돈할 수 있다. 2.4 레이어 헤어커트에 어울리게 헤어스타일을 마무리 할 수 있다.		
지식/기술/ 태도	능력단위요소명	지식	기술	태도/도구
	헤어커트 빗과 가위 사용하기	○ 헤어커트 빗의 종류와 사용법 ○ 헤어커트 가위의 종류와 사용법 ○ 헤어커트 가위사용의 주의사항에 대한 지식 ○ 올바른 커트자세와 가위사용에 대한 지식 ○ 헤어커트스타일별 블로킹과 섹션(슬라이스)의 개념 ○ 헤어커트 디자인에 따른 빗질의 방향과 각도의 개념 ○ 헤어커트 디자인에 따른 커트가위 사용에 대한 지식	○ 헤어커트 가위와 빗의 사용 기술 ○ 헤어커트디자인에 따른 가위사용법 ○ 헤어커트디자인에 따른 올바른 커트자세 능력	○ 정확한 방법으로 빗질하는 자세 ○ 정확한 커트방법을 숙련하려는 의지 ○ 올바른 커트자세를 연출하려는 노력 ○ 헤어커트 시 두피를 자극하지 않도록 주의하는 자세
	원랭스 헤어커트하기	○ 원랭스 헤어커트 종류와 특징에 관한 지식 ○ 원랭스 헤어커트의 빗질과 각도에 대한 개념 ○ 블런트 헤어커트 방법과 자세에 관한 지식 ○ 블로킹, 섹션, 슬라이스, 각도 등 헤어커트 지식 ○ 원랭스 커트의 도해도를 이해하고 분석할 수 있는 지식	○ 블런트 커트의 헤어커트 빗과 가위 사용 능력 ○ 원랭스 스타일에 따른 올바른 커트자세 능력 ○ 원랭스 스타일에 따른 블로킹과 섹션의 활용기술 ○ 원랭스 커트 도해도를 작성할 수 있는 능력	○ 정확한 방법으로 빗질하는 자세 ○ 블로킹과 섹션을 정확하게 사용하려는 노력 ○ 정확한 블런트 커트방법을 숙련하려는 의지 ○ 원랭스 커트의 올바른 커트자세를 연출하려는 노력 ○ 헤어커트 시 두피를 자극하지 않도록 주의하는 자세 ○ 원랭스 커트의 숙련도를 높이기 위해 노력하는 자세

제1장 NCS(국가직무표준능력) 기초커트 파악하기

	원랭스 헤어커트 마무리하기	○ 원랭스 스타일의 보정커트에 대한 지식 ○ 헤어커트 도구별 관리와 보관에 관한 지식 ○ 모발 건조와 블로우 드라이에 대한 개념	○ 원랭스 커트를 수정·보완하는 기술 ○ 고객과의 커뮤니케이션하는 능력 ○ 모발을 건조하고 스타일을 마무리하는 기술 ○ 주변을 정돈하고 헤어커트 도구를 관리하는 능력	○ 정확한 결과를 확인하는 태도 ○ 고객만족을 위해 노력하는 자세 ○ 고객의 불편을 확인하고 대처하는 태도 ○ 주변을 정돈하고 도구를 청결하게 정리하는 자세
	그래쥬에이션 헤어커트하기	○ 그래쥬에이션 커트의 개념 ○ 클리퍼, 틴닝, 블런트 가위사용법 ○ 그래쥬에이션 스타일 커트방법 ○ 모량조절과 질감처리에 관한 지식 ○ 그래쥬에이션 도해도를 분석할 수 있는 지식	○ 그래쥬에이션 도해도를 작성할 수 있는 능력 ○ 빗, 커트 가위, 틴닝 가위를 사용할 수 있는 능력 ○ 틴닝 가위를 사용하여 모량을 조절하는 기술 ○ 클리퍼 사용기술	○ 그래쥬에이션 커트를 정확하게 서비스하는 자세 ○ 그래쥬에이션 커트의 숙련도를 높이려는 노력 ○ 헤어커트 시 두피를 자극하지 않도록 주의하는 자세
	그래쥬에이션 헤어커트 마무리하기	○ 그래쥬에이션 스타일의 보정커트에 대한 지식 ○ 헤어커트 도구별 관리와 보관에 관한 지식 ○ 모발 건조와 블로우 드라이에 대한 개념 ○ 헤어스타일 연출 제품의 사용법	○ 그래쥬에이션 커트를 수정·보완하는 기술 ○ 고객과의 커뮤니케이션하는 능력 ○ 모발을 건조하고 스타일을 마무리하는 기술 ○ 주변을 정돈하고 헤어커트 도구를 관리하는 능력	○ 정확한 결과를 확인하는 태도 ○ 고객만족을 위해 노력하는 자세 ○ 고객의 불편을 확인하고 대처하는 태도 ○ 주변을 정돈하고 도구를 청결하게 정리하는 자세
	레이어 헤어커트하기	○ 레이어 헤어커트의 개념 ○ 다양한 레이어스타일에 대한 지식 ○ 클리퍼, 틴닝, 블런트 가위사용법 ○ 레이어 스타일 커트방법 ○ 모량조절과 질감처리에 관한 지식 ○ 레이어 커트의 도해도를 분석할 수 있는 지식 ○ 레이어 커트의 블로킹, 섹션, 각도 등에 관한 지식	○ 레이어커트 도해도를 작성할 수 있는 능력 ○ 빗, 커트 가위, 틴닝 가위를 사용할 수 있는 능력 ○ 틴닝 가위를 사용하여 모량을 조절하는 기술 ○ 다양한 형태의 레이어 스타일 커트기술 ○ 클리퍼 사용기술 ○ 싱글링 기술	○ 레이어 헤어커트를 정확하게 서비스하는 자세 ○ 레이어 헤어커트의 숙련도를 높이려는 노력 ○ 헤어커트 시 두피를 자극하지 않도록 주의하는 자세

기초커트

		○ 레이어 스타일의 보정커트에 대한 지식 ○ 헤어커트 도구별 관리와 보관에 관한 지식 ○ 모발 건조와 블로우 드라이에 대한 개념 ○ 헤어스타일 연출법과 제품사용법	○ 레이어 헤어커트를 수정·보완하는 기술 ○ 고객과의 커뮤니케이션하는 능력 ○ 모발을 건조하고 스타일을 마무리하는 기술 ○ 레이어 헤어스타일 연출 기술 ○ 주변을 정돈하고 헤어커트 도구를 관리하는 능력	○ 정확한 결과를 확인하는 태도 ○ 고객만족을 위해 노력하는 자세 ○ 고객의 불편을 확인하고 대처하는 태도 ○ 주변을 정돈하고 도구를 청결하게 정리하는 자세
	레이어 헤어커트 마무리하기			

이수구분	전공선택	이수시간	4	학점	4
교육목표	헤어커트를 위해 두상의 각 포인트(point) 위치와 명칭, 블로킹(blocking), 슬라이스(slice) 등 이론적인 이해를 통해 가위를 이용하여 원렝스(이사도라, 스파니엘, 패러럴), 그래쥬에이션, 레이어 유형의 커트를 할 수 있다.				
교육내용	기본 헤어커트란 블런트 가위를 이용하여 원렝스(이사도라, 스파니엘, 패러럴), 그래쥬에이션, 레이어 유형으로 커트한다.				

교수.학습 방법	a	b	c	d	e	f	g	h
	○	○					○	
	a. 이론강의, b. 실습, c. 발표, d. 토론, e. 팀프로젝트, f. 캡스톤디자인, g. 포트폴리오(학습자/교수자), h. 기타							

장비 및 도구	NCS 능력단위 활용	활용
	블런트 가위와 다양한 커트전용 빗류, 핀셋, 분무기, 얼굴털이용 스폰지, 어깨보, 커트보, 가운, 미용의자와 거울, 헤어드라이기와 브러시류	

평가 방법	A	B	C	D	E	F	G	H	I	J	K	L	M
	○		○										○
	A. 포트폴리오 B. 문제해결시나리오 C. 서술형시험 D. 논술형시험 E. 사례연구 F. 평가자 질문 G. 평가자 체크리스트 H. 피평가자 체크리스트 I. 일지/저널 J. 역할연기 K. 구두발표 L. 작업장평가 M. 기타												
교육정보	관련 참고자료 등												

6. 진단평가

1주차에 시행되는 학생진단평가는 셀프평가로 성적에는 반영되지 않는다.

	수행준거	①	②	③	④	⑤
1	고객에게 어깨보, 커트보, 가운 등을 착용해 줄 수 있다.					
2	헤어커트 유형에 따라 모발의 수분 함량을 조절할 수 있다.					
3	일반 헤어커트용 가위인 블런트 가위를 정확하게 사용할 수 있다.					
4	정확하고 올바른 자세로 커트할 수 있다.					
5	기본 헤어커트를 위해 블로킹을 할 수 있다.					
6	기본 헤어커트를 위해 슬라이스를 할 수 있다.					
7	기본 헤어커트를 위해 시술각도를 조절할 수 있다.					
8	원랭스, 그래쥬에이션, 레이어 유형을 커트할 수 있다.					
9	고객의 얼굴과 목 등에 묻은 잔여 머리카락을 제거할 수 있다.					
10	사용한 헤어커트 도구와 시술한 주변을 즉시 정리·정돈 할 수 있다.					
11	시술 후 고객 만족도를 파악하여 필요한 경우 수정·보완하는 헤어커트를 할 수 있다.					
12	헤어커트 유형에 적합한 도구와 기법으로 헤어스타일을 마무리할 수 있다.					

① Very well (5 points) ② Yes (4 points) ③ Normal (3 points) ④ Not so (2 points) ⑤ Very difficult (1 point)

에듀컨텐츠 휴피아

HAIR CUT ✂
제2장

헤어커트 이론

Ⅰ. 헤어커트의 이해
Ⅱ. 두상의 이해
Ⅲ. 도구의 종류 및 사용법
Ⅳ. 커트의 종류
Ⅴ. 커트의 절차

I. 헤어커트의 이해

1. 헤어커트의 개념

(1) 헤어커트

헤어커트(Hair-Cut)는 사전적 의미가 '조발, 이발'의 뜻을 가지고 있으며 이는 '머리털을 깎아 다듬음'을 뜻한다. 헤어스타일의 윤곽(Out Line) 혹은 실루엣(Silhouette)이라고 하며, 모발이라는 소재에 일련의 조형 활동을 수행해나가는 것으로 헤어디자인의 기초 형태를 이루는데 매우 중요한 베이스가 된다. 헤어 커트 기술의 정확한 표현은 모발의 길이를 결정하고 모량을 정리하며, 헤어스타일을 결정하기 위한 기초로 머리카락을 얼마만큼 잘라서 가장 알맞은 길이를 남기는 것인가 하는 '단차의 기술'로써 표현될 수 있다. 헤어 커트에서 형태 변화의 주된 요인은 길이, 선(슬라이스 라인), 베이스, 시술각도이다. 즉 모발의 길이와 모발의 양을 정리하며, 헤어스타일을 결정하기 위한 기초를 만든다는 뜻이 포함되어 있다.

헤어커트의 정의	

(2) 헤어디자이너의 역할

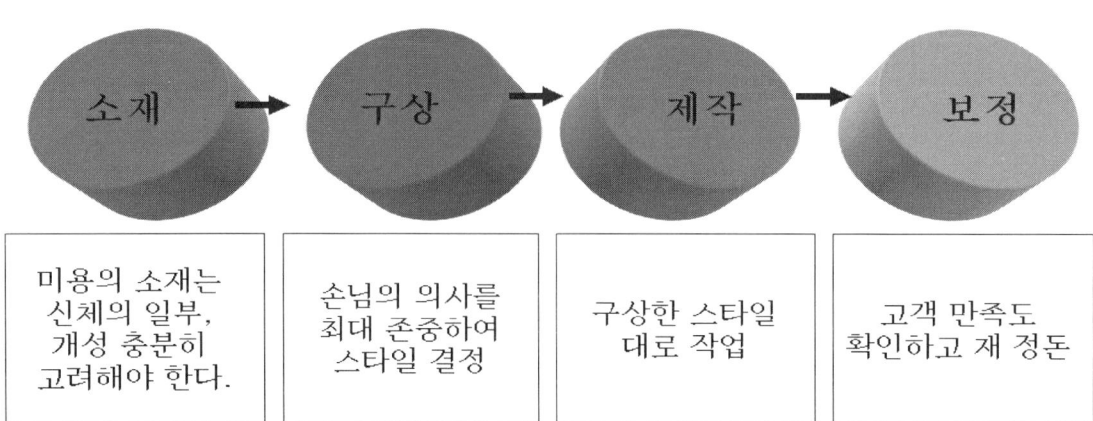

헤어디자이너의 역할	

2. 헤어디자인의 이해

(1) 헤어디자인(Hair Design)

디자인(Design)은 프랑스어의 데생(Dessin), 이탈리아어의 디세뇨(Disegno), 라틴어의 데지그나레(Designare)를 어원으로 하는 용어이며 일반적으로 인간생활의 목적에 알맞고 실용적이며 미적인 조형을 계획하고 그를 실현하는 과정과 그에 따른 결과로 정의될 수 있다. 즉, 어떤 일정한 목적을 가지고 있는 것을 만들고자 할 때 그에 가장 알맞은 기능이나 아름다움을 조화시키는 일체의 행위를 의미하는데 목적이 있는 조형 활동이라는 점에서 순수 예술과는 구별된다. 흔히 마무리 머리 손질이라 일컬어지는 모든 헤어 서비스의 완성단계이다. 모발이라는 매개체를 이용하여 선, 모양, 방향 그리고 질감을 구성하여 만든 예술이다. 이는 또한 미용업계의 서비스 중에서 가장 창의적인 분야 중 하나이다.

(2) 디자인의 기본 요소

1) 형태(Form) : 모양이나 윤곽을 3차원적으로 표현하는 것. 어느 방향으로든 확장이 가능한 부피나 볼륨을 일컫는 말이다.

형태에 속하는 모발 길이의 변화에 따라 헤어스타일이 달라지며 실루엣과 분위기, 이미지, 느낌이 달라진다. 짧은 길이의 모발은 현대적, 적극적, 발랄함, 단순한 이미지 등을 나타내고, 중간 길이의 모발은 고전적, 평범함, 소극적 이미지 등을 나타내며, 긴 길이의 모발은 여성적, 섬세함, 따뜻한 이미지 등을 나타낸다.

- 대칭(Symmetry) - 가상의 중심축을 기준으로 양쪽 똑같이 무게가 주어졌을 때 이뤄짐
- 비대칭(Asymmetry) - 중심축의 어느 한쪽에 무게가 실렸을 때 이뤄짐
- 방향(Direction) - 주어진 선의 경로, 천체축으로 분석할 수 있다.
- 모양(Shape) - 그림자나 바깥쪽 경계선에서 보여 지는 형태의 2차원 윤곽(곡선모양, 각진 모양)

2) 질감(Texture) : 어떤 표면의 모습이나 느낌, 질감의 성질을 말한다.

　미술 사적 의미의 질감은 물질 고유의 재질감(材質感)으로 Texture라고 하며, 돌, 나무, 청동, 캔버스, 종이 등의 느낌을 의미한다. 또한 안료의 성질, 표현한 대상물의 재질감, 묘사한 물적 대상의 양감(量感)과 아울러 촉각적, 시각적으로 환기시키는 효과를 말한다. 이는 촉각 경험에 의하여 직접 물체나 예술 표현이 만져지는 부조(Relief)의 형태와 비슷하며, 시각적·촉각적으로 독특한 미적 효과를 배가시킬 수 있는 폭넓은 개념으로 중요한 의미를 가지고 있어 대상의 조형적 특질을 강조하여 공간조형으로 확대시키는 역할을 하고 있다.

　헤어디자인에서 질감은 헤어커트, 퍼머넌트, 헤어컬러링, 드라이, 아이론 등 미용 시술에 의한 질감으로 표현될 수 있다. 즉 헤어커트에서 질감 표현은 커트가위, 틴닝 가위, 레이저 등의 도구를 사용하여 모발의 양을 감소시켜 양감과 질감을 만들고, 모발의 방향감, 운동감, 무게감, 양감을 부여하여 스타일의 완성도를 높인다. 헤어커트에서 시각적으로 인지되는 질감은 커트 형태에 의해 표현되는데 커트된 모발이 층이 나지 않아 끝이 보이지 않고 표면의 질감이 시각적으로 매끄러워 보이는 것을 매끄러운 질감(Inactivated Texture)과, 커트된 모발에 층이 생겨 시각적으로 표면이 거칠어보는 것을 거친 질감(Activated Texture), 그리고 이 두 가지가 혼합된 질감을 혼합질감(Combinative Texture)으로 분류하고 있다. 커트 형태를 예로 들면 솔리드형의 헤어스타일은 전체에 단차가 없는 스타일로 자연시술각 0°로 동일한 직선상에 맞추어 커트하여 매끄러운 질감이라 할 수 있다. 인크리스레이어형은 하이레이어로 시술 각도가 90°이상이며, 전체적으로 큰 단차가 나며 가볍고 거친 느낌이다. 그리고 유니폼레이어형은 머리 전체의 길이를 동일하게 자르는 방법으로 두상의 시술각도가 90°가 적용되며, 무게지역이 없고 모발 끝이 표면으로 위치해 시각적으로 거친 느낌을 준다. 그래쥬에이션형 스타일은 모발이 겹겹이 쌓인 것처럼 미세한 단차의 거친 질감과 커트된 모발이 층이 나지 않아 끝이 보이지 않고 표면의 질감이 시각적으로 매끄러운 질감이 혼합된 혼합질감이다.

　질감은 매끄럽다, 부드럽다, 울퉁불퉁하다, 거칠다, 단단하다로 표현하였고, 직모, 웨이브, 곱슬머리, 각진 형태, 직모(거친 모발, 매끄러운 모발), 웨이브모(곡선형, 각진형)로 분류하였다. 가위의 기법에 따라서도 텍스처 표현의 방법이 다양한데 포인트, 슬라이딩, 스트록, 슬라이싱, 레저, 틴닝의 기법에 따라 모질, 모량, 모류 등을 정확히 파악하여 테이퍼링 하는데 용이하다.

3) 컬러(Color) : 어떤 디자인에 깊이 차원과 빛의 반사를 더해주는 요소. 질감에 착시현상으로 머리 형태 중 어느 한 부분에 시선을 집중시킨다.

색채는 광원으로부터 나오는 빛이 분광 특성에 의해 인간의 시각을 자극하여 일어나는 감각의 일종이다. 사람이 시각적으로 느낄 수 있는 빛을 가시광선(파장 380~780 nm)이라고 하지만, 그 가시광선의 파장으로 인한 에너지 분포도를 서로 상이하게 식별할 수 있는 시감각보다 오히려 광원의 특성과 물질의 분광 특성에 의하여 여러 종류의 색이 존재한다.

컬러는 어떤 색이든 찬 계열(Cool)과 따뜻한 계열(Warm)중 하나로 분류된다. 찬 계열은 색채 안에서 푸른빛을 느낄 수 있는 것을, 따뜻한 계열은 노란빛을 느낄 수 있다. 또한 감각으로 느끼는 무게가 있어 감각적으로 무거움과 가벼움을 나타내고 싶다면 따뜻한 계열인 난색과 찬 계열인 한색의 차이로 나타낼 수 있으며, 안정감과 불안정함의 차이도 느끼게 할 수 있다. 이와 같이 난색계는 기분을 흥분시키고 한색계는 진정시키는 효과가 있다. 색채조화란 두 색 또는 두 색 이상의 배색으로 일정한 질서를 부여하는 것으로 색채에 있어서는 전체적인 미적원리를 말한다. 이는 통일, 균형(대칭, 비대칭), 강조 등의 디자인 원리를 포함하며, 색들끼리의 불협화음이 일어나지 않도록 조화시키는 총체적인 것을 의미한다.

헤어스타일에서 컬러를 이용한 디자인은 얼굴형, 개성, 모발의 상태, 색조나 하이라이트를 어떤 위치에 두느냐에 따라 이미지 변화 효과를 강하게 표현할 수 있다.

- Dark - 형태가 먼저보임
- Light - 머리결과 방향감이 먼저 보임

디자인 요소	형 태	
	질 감	
	컬 러	

(3) 디자인의 법칙

1) 강조(Dominance)
하나의 구성단위가 중점이 되어 디자인에 큰 영향을 미친다.

2) 반복(Repetition)
모든 구성단위들이 위치만 제외하고 동일하다.

3) 교대(Alternation)
반복되는 패턴 안에 두 개 이상의 구성단위가 있는 것

4) 진행(Progression)
모든 구성단위가 비슷하지만 점차 상승 음계나 하강 음계의 형식으로 비율적으로 변화한다.

5) 조화(Harmony)
비슷하지만 똑같지 않은 구성단위들의 어울리는 조합

6) 대조(Contrast)
반대적인 요소들의 바람직한 관계, 디자인에서 흥미를 돋우어 주고 주위를 끈다.

7) 비조화(Discord)
구성단위들 사이 최대한도의 간격, 극대화된 대조

(4) 고객 상담 및 디자인 결정 시 고려사항

헤어커트 디자인을 결정하기 위해서는 고객과의 상담이 중요하다. 헤어스타일 상담에 있어서 헤어디자이너는 최신 트렌드 정보를 수집하여 분석하고 있어야 하며, 경청하는 태도로 고객의 의견을 존중하며 상담에 임해야 한다. 헤어디자인을 결정하기 위해서는 고객의 모발상태, 신체적 특징, 모발의 질감 및 고객의 요구, 직업, 개성, 라이프스타일, 모발손질능력, 헤어스타일링 제품 사용능력 등 다양한 것을 고려하여 디자인을 결정해야 한다.

모발 상태	모류(가마, 네이프, 페이스라인 등)
신체적 특징	얼굴형, 두상, 신장, 체형(목, 어깨)
고객 특징	직업, 개성, 라이프스타일, 모발손질능력, 헤어스타일링 제품 사용능력
기타	

단원평가

1. 헤어커트의 개념을 쓰시오.

2. 헤어디자인 요소를 쓰시오.

3. 헤어디자인 법칙을 쓰시오.

4. 고객 상담 및 디자인 결정시 고려사항에 대해 쓰시오.

II. 두상의 이해

1. 두부의 명칭

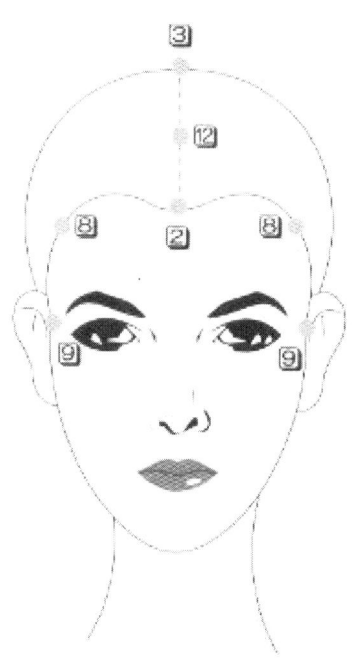
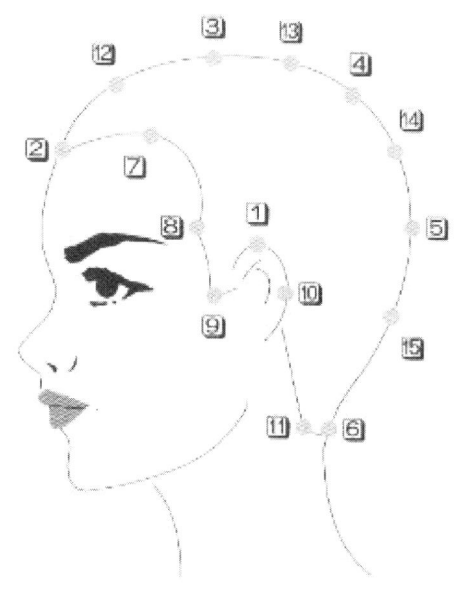

① E.P (Ear Point)	이어포인트
② C.P (Center Point)	센터포인트
③ T.P (Top Point)	탑포인트
④ G.P (Golden Point)	골덴포인트
⑤ B.P (Back Point)	백포인트
⑥ N.P (Nape Point)	네이프포인트
⑦ F.S.P (Front Side Point)	프론트사이드포인트
⑧ S.P (Side Point)	사이드포인트
⑨ S.C.P (Side Corner Point)	사이드코너포인트
⑩ E.B.P (Ear Back Point)	이어백포인트
⑪ N.C.P (Nape Corner Point)	네이프코너포인트
⑫ C.T.M.P (Center Top Medium Point)	센터탑미디움포인트
⑬ T.G.M.P (Top Golden Medium Point)	탑골덴미디움포인트
⑭ G.B.M.P (Golden Back Medium Point)	골덴백미디움포인트
⑮ B.N.M.P (Back Nape Medium Point)	백네이프미디움포인트

2. 두부 기본 라인
① 헤어라인(S.C.P~S.C.P) 모발과 얼굴의 경계선
② 정중선(C.P~N.P) 코의 중심을 통한 머리 전체를 수직으로 가른 선
③ 측중선(T.P~E.P) 귀 뒷부리를 수직으로 두른 선
④ 측두선(F.S.P) 대체로 눈끝을 수직으로 두른 선
⑤ 목뒷선(N.C.P~N.C.P) N.C.P에서 N.C.P를 연결하는 선
⑥ 목옆선(E.P~N.C.P) E.P에서 N.C.P를 연결하는 선
⑦ 수평선(E.P~E.P) E.P의 높이를 수평으로 두른 선

(문제) 두상에 두부 기본 라인을 그려보자.
① 헤어라인(S.C.P~S.C.P), ② 정중선(C.P~N.P), ③ 측중선(T.P~E.P),
④ 측두선(F.S.P)

단원평가

1. 두상의 15포인트를 쓰시오.

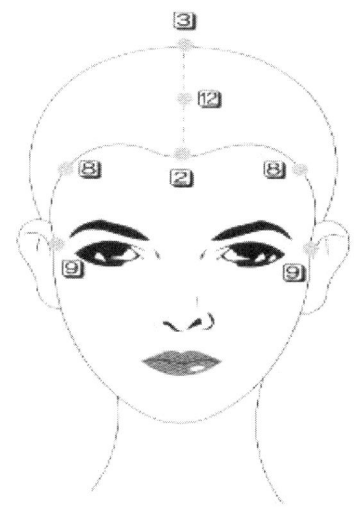 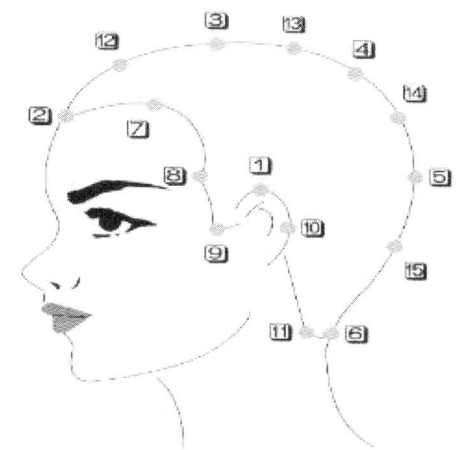

①
②
③
④
⑤
⑥
⑦
⑧
⑨
⑩
⑪
⑫
⑬
⑭
⑮

III. 커트 도구의 종류 및 사용법

1. 가위(Scissors)의 명칭

가위는 선회축에서부터 가위끝까지의 길이가 4~7인치까지 있으며, 길이가 짧을수록 섬세한 커트를 연출할 수 있다. 길이가 길면 신속한 커트가 가능하며, 직선형과 R형 등 모양도 기능도 다양하다. 가위는 자신의 손가락에 맞는 것을 선택하여 숙련될 수 있도록 많은 연습이 필요하다.

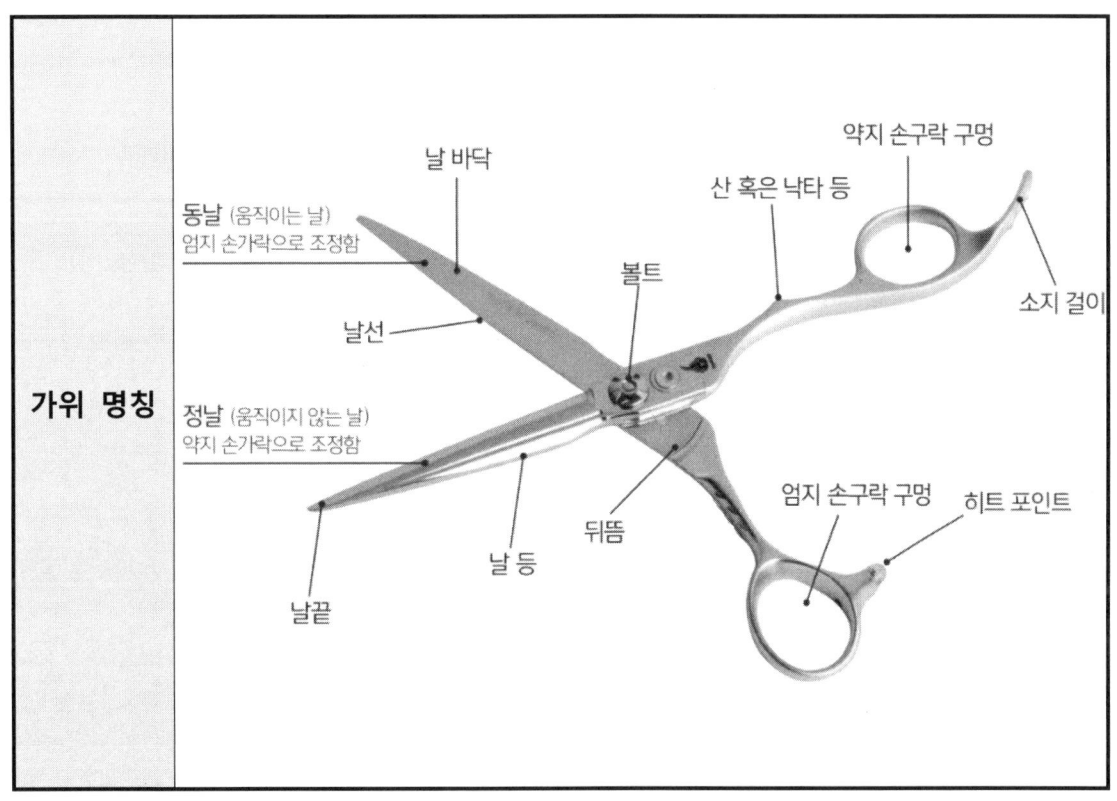

2. 가위의 손질 및 보관법

① 가위는 사용 후 녹이 슬지 않도록 닦은 후 보관한다.
② 나사 부분에 기름칠을 하여 녹이 슬지 않도록 보관한다.
③ 고온을 피하고 소독기에 반드시 보관한다.
④ 석탄산수, 크레졸수, 에탄올, 자외선 등으로 소독한다.

3. 가위의 종류 및 용도

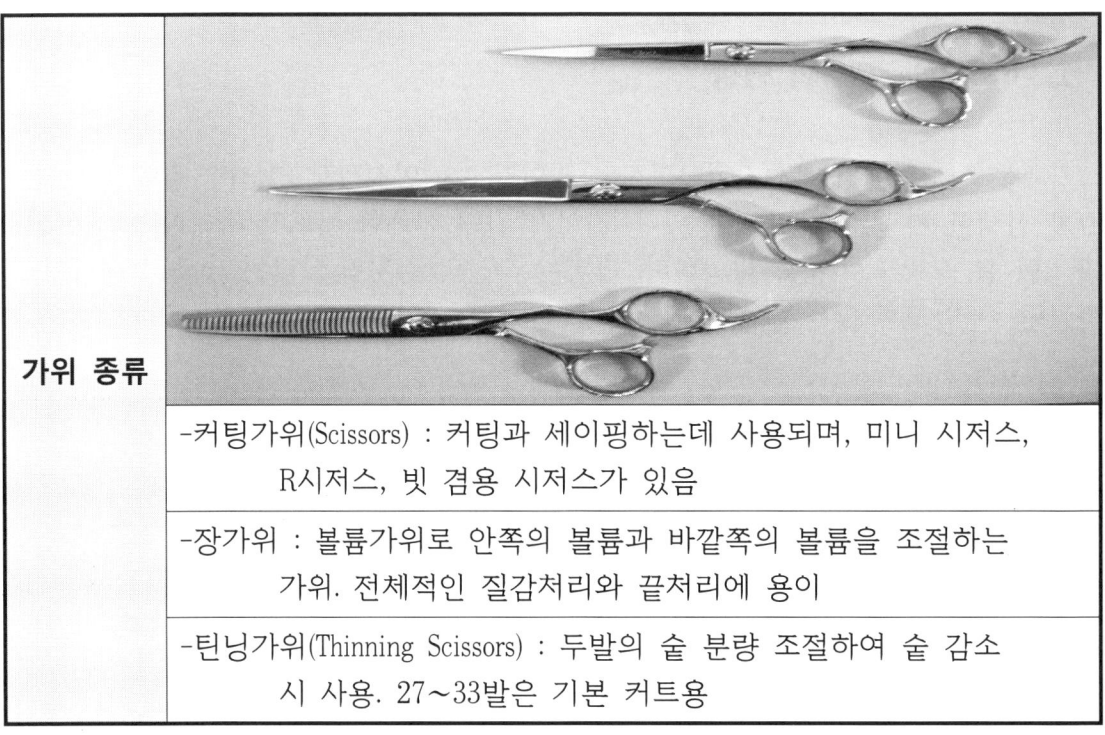

가위 종류	
	-커팅가위(Scissors) : 커팅과 세이핑하는데 사용되며, 미니 시저스, R시저스, 빗 겸용 시저스가 있음
	-장가위 : 볼륨가위로 안쪽의 볼륨과 바깥쪽의 볼륨을 조절하는 가위. 전체적인 질감처리와 끝처리에 용이
	-틴닝가위(Thinning Scissors) : 두발의 숱 분량 조절하여 숱 감소 시 사용. 27~33발은 기본 커트용

4. 가위 쥐는 자세

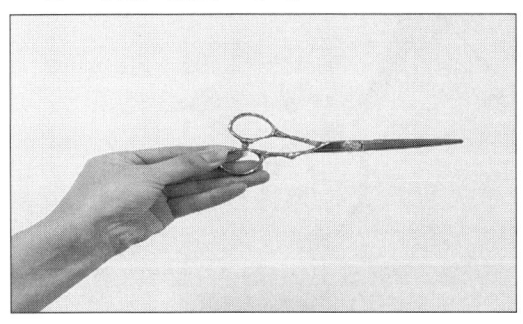

01. 가위 나사점이 보이도록 잡는다.

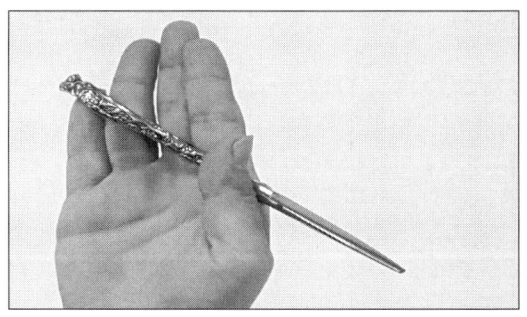

02. 오른손바닥을 위로 하고 약지 두 번째 마디에 약지환을 끼운다.

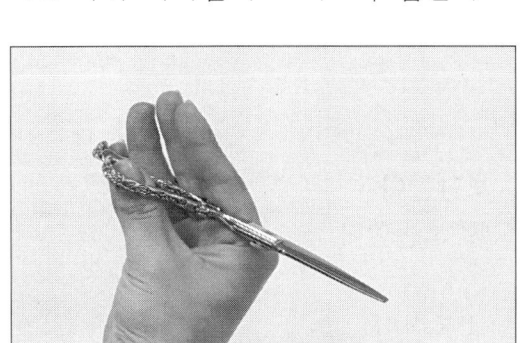

03. 손바닥 45° 위치에 가위를 놓고 엄지환에 엄지손톱 중간쯤 걸친다.

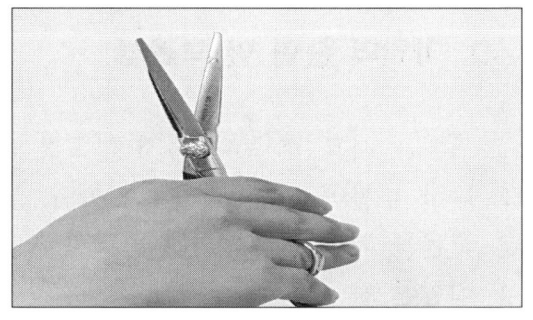

04. 가위를 좌우로 돌려가면서 개폐 동작 연습을 반복 연습한다.

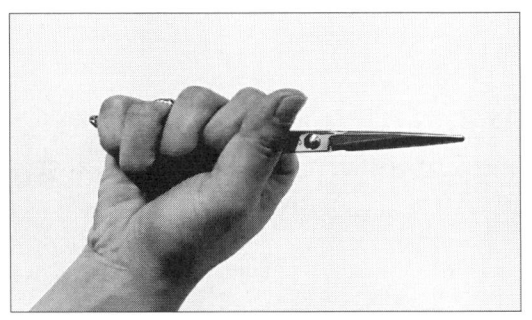

05. 엄지환에서 엄지를 빼고 손가락 전체로 가위를 가볍게 감싸 쥔다.

06. 빗과 가위를 같이 쥘 때는 빗의 1/3지점을 엄지, 검지, 중지로 안정감 있게 잡는다.

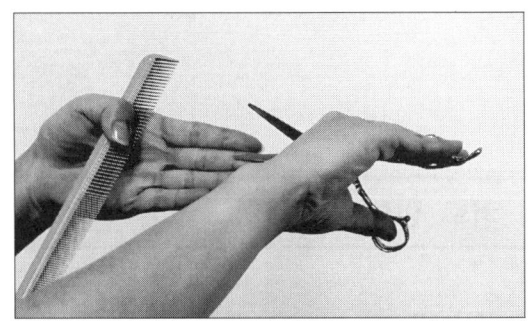

07. 왼손 엄지에 커트빗을 끼워서 고정한 후 검지와 중지를 가볍게 붙인 다음 오른손에 가위를 열어서 왼손 중지 끝에 고정 가윗날을 가져다 대고 고정 가윗날이 흔들리지 않도록 개폐 동작을 충분히 연습한다.

5. 레이저(Razor)

레이저 (Razor)		
종류	오디너리 레이저(Ordinary Razor)-일상용	세이핑(Shaping Razor) 레이저-안전커버
특징	칼날 전체를 사용	일상용레이저에 보호 기구를 씌운 것(틴닝가위와 유사)
장점	빨리 완성할 수 있어 능률적. 섬세한 작업에 용이	초보자에 적합
단점	한꺼번에 잘려 나가므로 초보자에게 부적합	시간 소모가 많아 비능률적임
면도날을 레이저에 끼워서 모발을 자르는데 사용. 직선적이고 뭉툭하고 딱딱한 기법이 아닌 자연스럽고 부드러운 스타일의 질감이 연출되며, 모발의 양을 감소시킬 수 있음. 일상용레이저, 세이핑 레이저, 양날 레이저로 형태 다양함.		

6. 레이저의 손질 및 보관법

① 사용 후 수분과 불순물을 제거해야 한다.
② 석탄산수, 크레졸수, 에탄올, 포르말린수, 역성비누, 자외선 등으로 소독한 후 청결하게 보관한다.

7. 레이저의 선택법

① 날등과 날끝이 평행을 이루고, 비틀리지 않은 것을 선택해야 한다.
② 양면의 콘케이브가 날등에서 날끝까지 평균한 곡선상으로 된 것.
③ 날의 두께가 일정한 것을 선택한다.

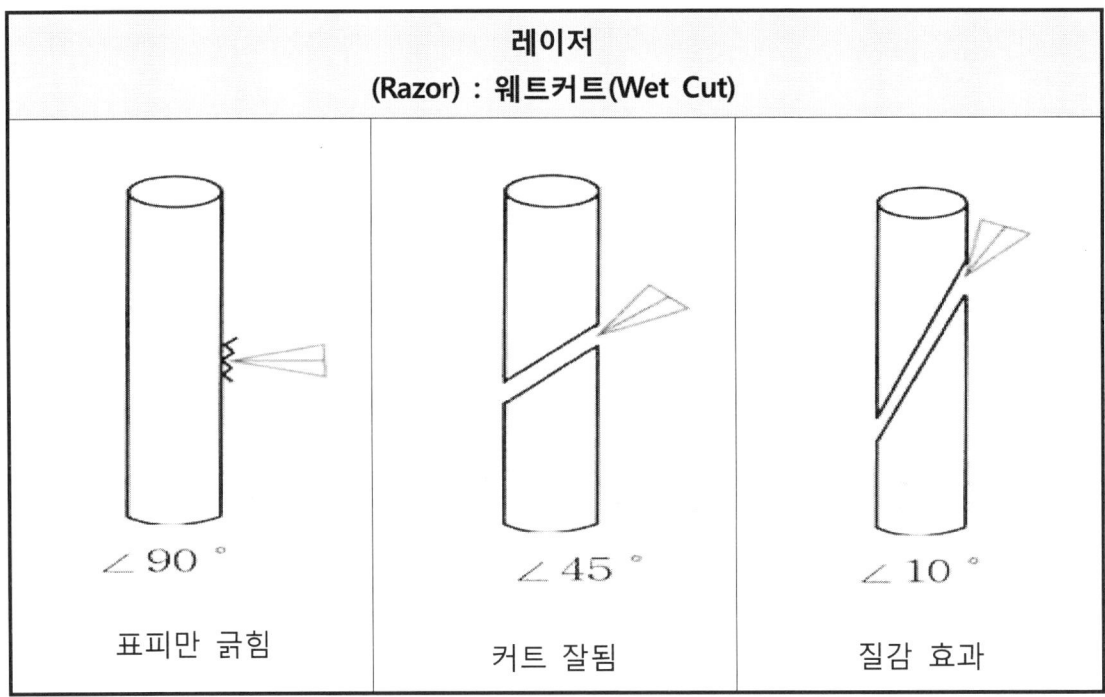

8. 빗(Comb)

빗은 4500~5000여년 전 승문 시대 말경부터 사용된 것으로 추정되며, 모발의 정리정돈을 위한 목적으로 사용되고 있다.

빗 (Comb)	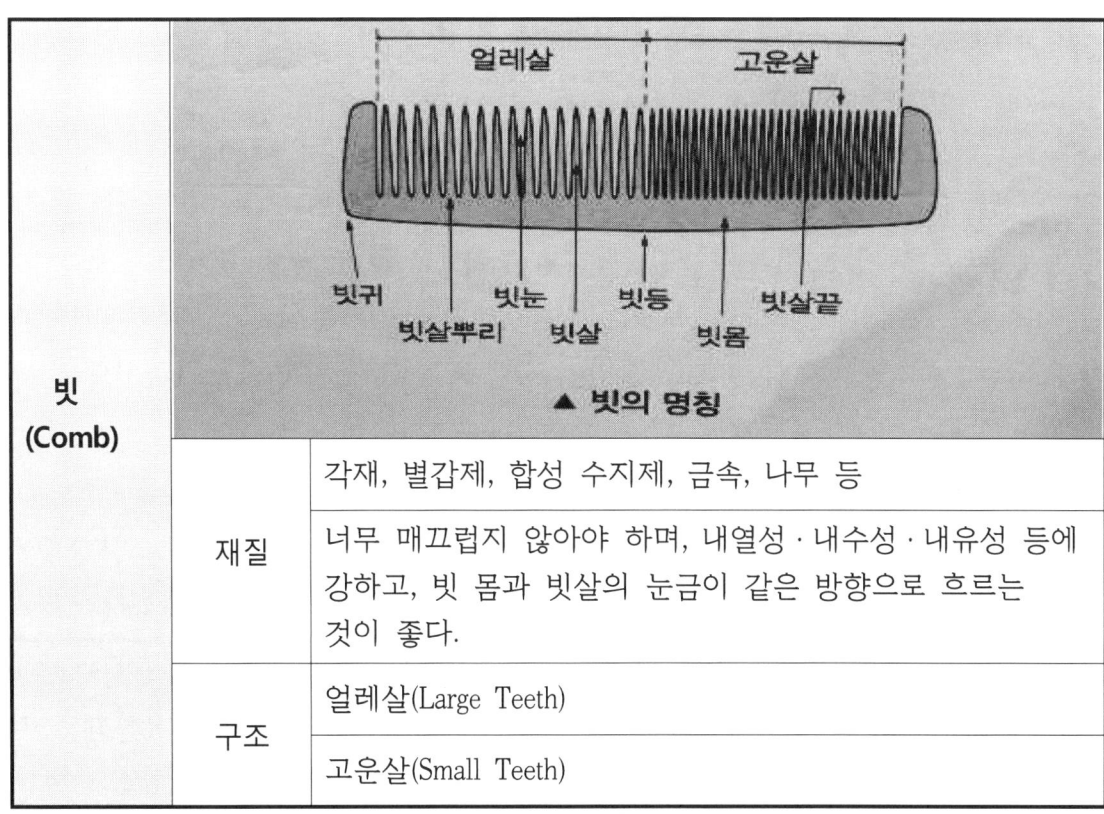 ▲ 빗의 명칭	
	재질	각재, 별갑제, 합성 수지제, 금속, 나무 등
		너무 매끄럽지 않아야 하며, 내열성·내수성·내유성 등에 강하고, 빗 몸과 빗살의 눈금이 같은 방향으로 흐르는 것이 좋다.
	구조	얼레살(Large Teeth)
		고운살(Small Teeth)

9. 기타 도구

클립(Clip), 분무기(Hair Spray), 페이스 브러시(Face Brush), 커트보, 넥 페이퍼(Neck Paper), 페이스필름(Face Film)

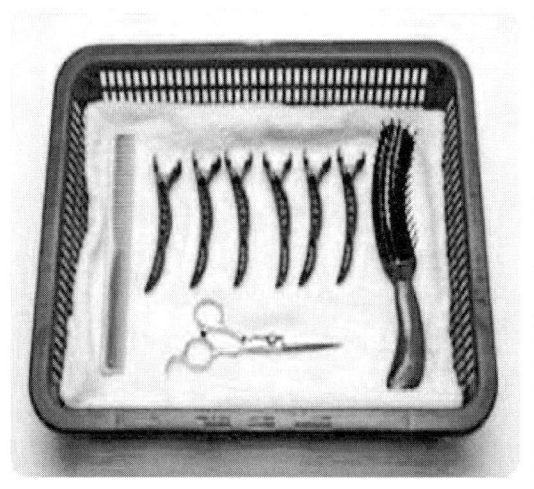

IV. 커트의 종류

현재 한국기술자격검정원에서 실시하는 미용사(일반) 실기시험 출제기준은 원렝스 커트에 해당하는 이사도라(앞올림)커트와 스파니엘(앞내림)커트, 패러럴(수평)커트가 있고, 그라데이션 커트, 레이어 커트로 분류하고 있다. 또한 1991년 이후 다양한 교육 기관에서 Pivot Point 커트의 4가지 형태인 솔리드형(Solid), 그래쥬에이션형(Graduation), 인크리스레이어형(Increase Layer), 유니폼레이어형(Uniform Layer)으로 분류하여 교육이 이루어지고 있으며, 현재 많은 연구자들이 커트 형태를 Pivot Point 기준으로 분류하고 있다.

솔리드형은 전체에 단차가 없는 스타일이며, 두피에서 자연스럽게 내린 상태에서 자연시술각 0°로 동일한 직선상에 맞추어 커트하는 것이다. 그리고 그래쥬에이션형은 단계, 치수, 재는 눈금의 차란 뜻으로도 쓰이며, 상층부의 머리카락에서부터 아래층부의 머리카락이 아주 극소의 단차가 생기는 커트이다. 이 형태는 볼륨감을 유도하는 가장 대표적인 커트 스타일로 시술각은 1~90°이하 상태에서 모발이 겹겹이 쌓인 것처럼 미세한 단차를 가진다. 인크리스레이어형은 하이 레이어(High Layer)로 시술각도가 90°이상이며, 전체적으로 큰 단차가 나며 가볍고 거친 느낌과 세로로 흐르는 느낌이 강하다. 유니폼레이어형은 세임 레이어(Same Layer)라고도 하며, 머리 전체의 길이를 동일하게 자르는 방법으로 두상의 시술각도 90°가 적용되며, 무게지역이 없는 것이 특징이다.

■ 커트의 4가지 유형

기본형	솔리드형 (Solid)	그래쥬에이션형 (Graduation)	인크리스레이어형 (Increase Layer)	유니폼레이어형 (Uniform Layer)
모양	종 모양	삼각형	긴 타원형	원형
질감	매끄러운 (Inactivated)	혼합형 (Combinative)	거칠은 (Activated)	거칠은 (Activated)
각도	0°	1~90°이하	90°이상	90°
구조				
특징	-모든 모발 길이가 동일선상에 위치 -모발을 90°로 들어올렸을 때 네이프에서 탑으로 갈수록 모발 길이가 길어짐	-무게감과 볼륨 형성 -모발을 90°로 들어 올렸을 때 네이프에서 탑으로 갈수록 모발 길이가 길어지며 층이 형성	-모발을 90°로 들어 올렸을 때 네이프에서 탑으로 갈수록 모발 길이가 짧아짐	-모발을 90°로 들어 올렸을 때 모발의 모든 길이가 동일하며 무게감이 없음

기초커트

단원평가

1. 커트의 4가지 유형에 대해 쓰시오

기본형				
모양				
질감				
각도				
구조				
특징				

단원평가

2. 아웃라인의 형태를 보고 솔리드형 스타일을 쓰시오.

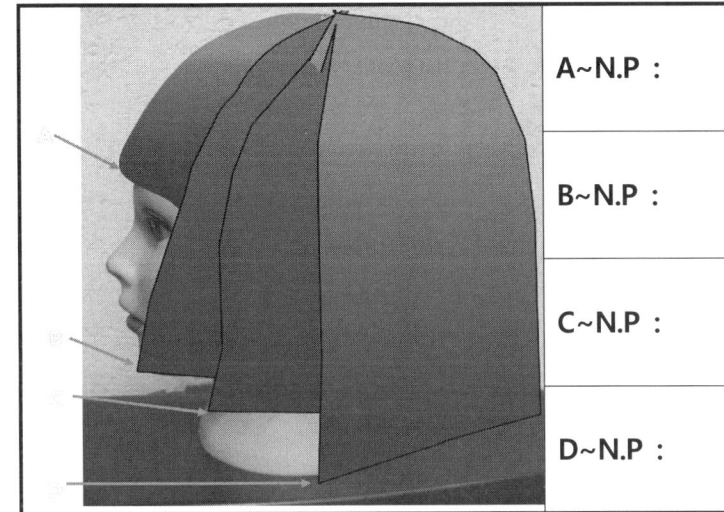

A~N.P :	
B~N.P :	
C~N.P :	
D~N.P :	

3. 레이저(Razor) 커트 방법에 따른 커트 결과를 쓰시오.

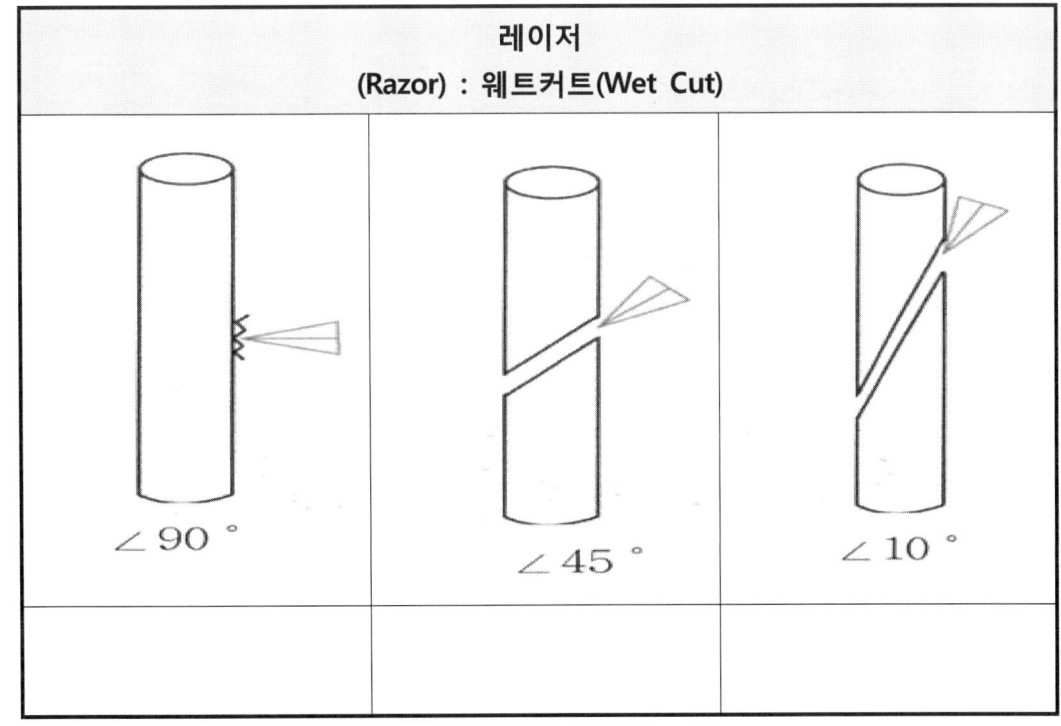

레이저 (Razor) : 웨트커트(Wet Cut)		
∠90°	∠45°	∠10°

V. 커트의 절차

1. 블로킹(Blocking)

커트를 정확하게 시술하기 쉽게 두상에 구획을 나누는 것으로, 파트(Part)라고도 한다. 센타 파트(Center Part), 크레스트 라인(Crest Line), 헤어 라인 파트(Hair Line part), 지그재그 2등분(Zig Zag Part), 4등분, 5등분, 6등분, 7등분, 후대각(Diagonal Back), 전대각(Diagonal Forward) 등으로 커트 시 사용되는 기본적인 큰 블록이라고 볼 수 있다.

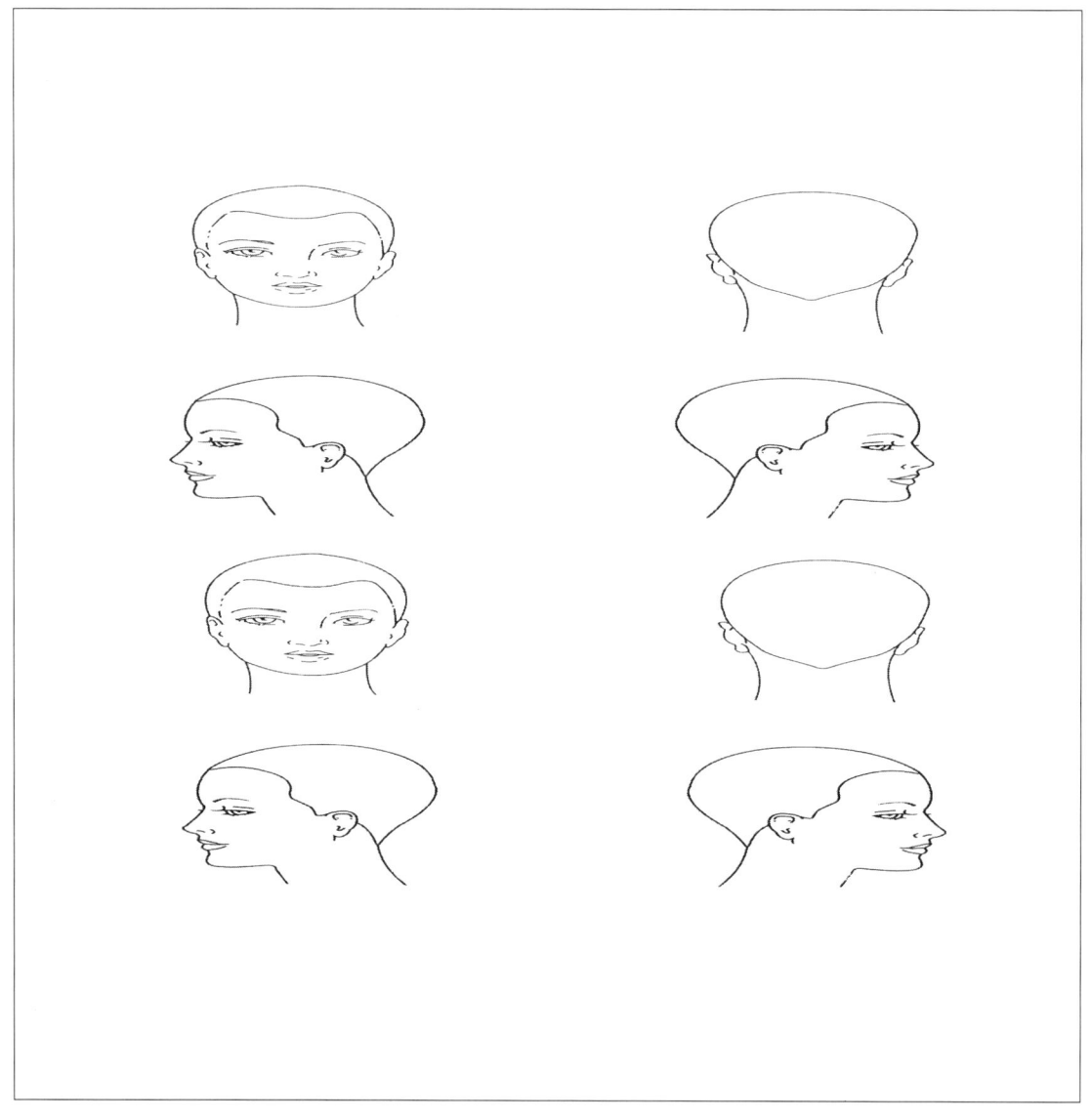

(문제) 두상에 블로킹을 나누어 보자.

① 센타 파트(Center part), ② 크레스트 라인(Crest line), ③ 헤어 라인 파트(Hair line part), ④ 지그 재그 2등분(Zig zag part) ⑤ 4등분, ⑥ 5등분, ⑦ 후대각(Diagonal Back), ⑧ 전대각(Diagonal Forward)

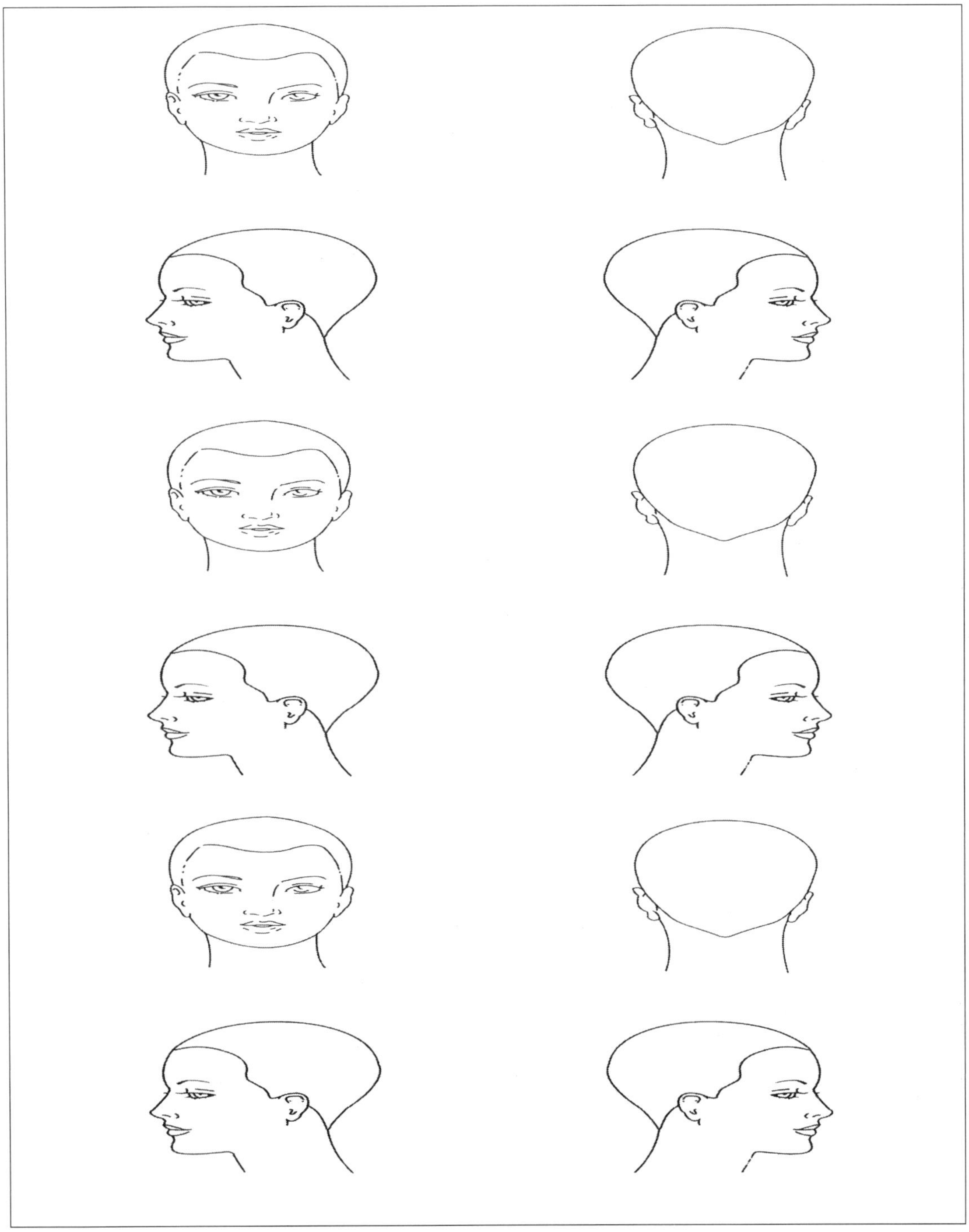

2. 머리위치(Head Position)

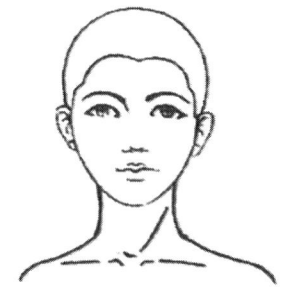 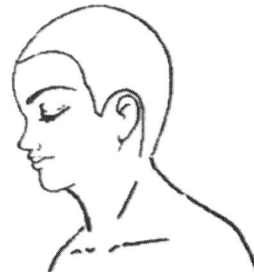 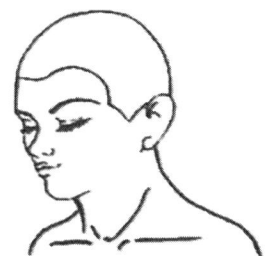

똑바로(Upright)	앞 숙임(Forward)	옆 기울기(Tilted)
가장 자연스럽고 정확한 결과가 나옴	엑스테리어 지역에 단차를 주기 위함	사이드 짧은 디자인 라인을 만들 때 사용
ex)	ex)	ex)

3. 파팅(Parting)

파팅은 커트 시 블로킹을 더 세분화하여 나누는 것으로 섹션(Section)이라고도 하며, 대부분의 파팅 유형은 디자인 라인과 평행을 이룬다.

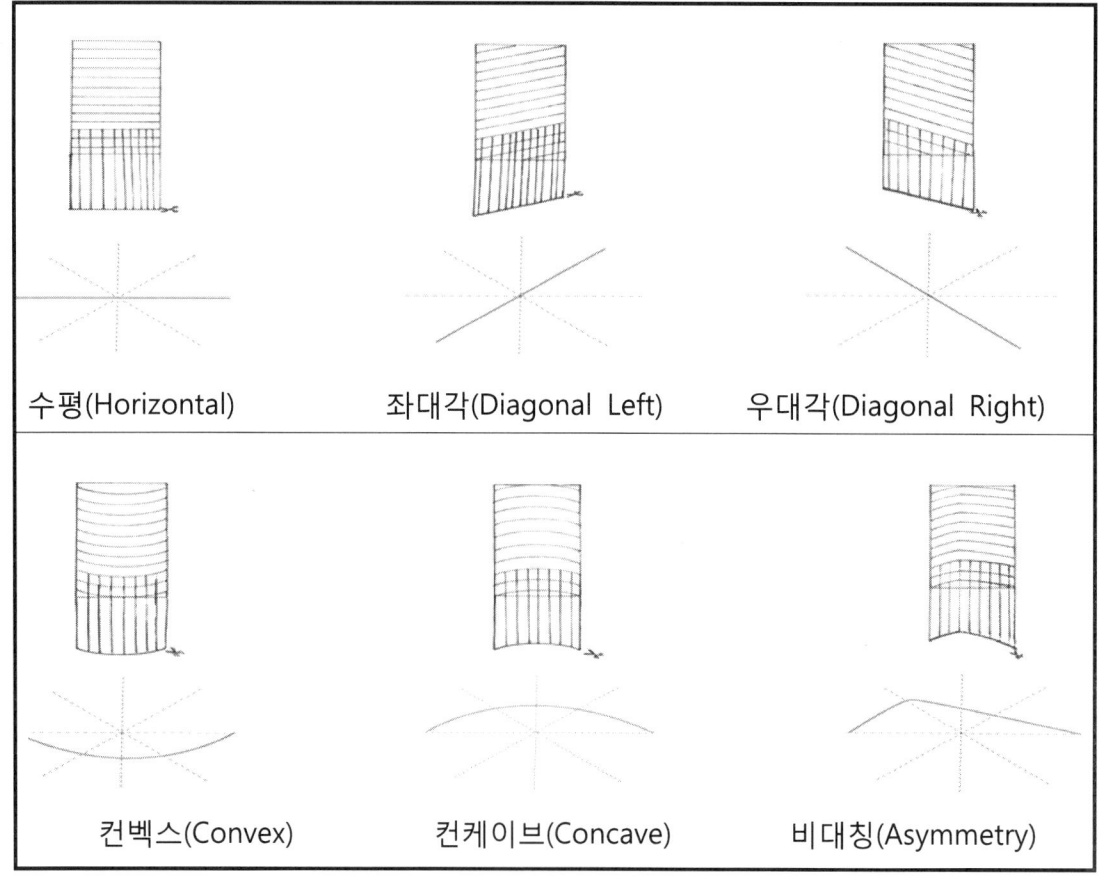

(문제) 두상에 파팅을 나누어 보자.

① 수평(Horizontal), ② 좌대각(Diagonal Left), 우대각(Diagonal Right) ③ 컨백스(Convex) ④ 컨케이브(Concave)를 표시해 보자.

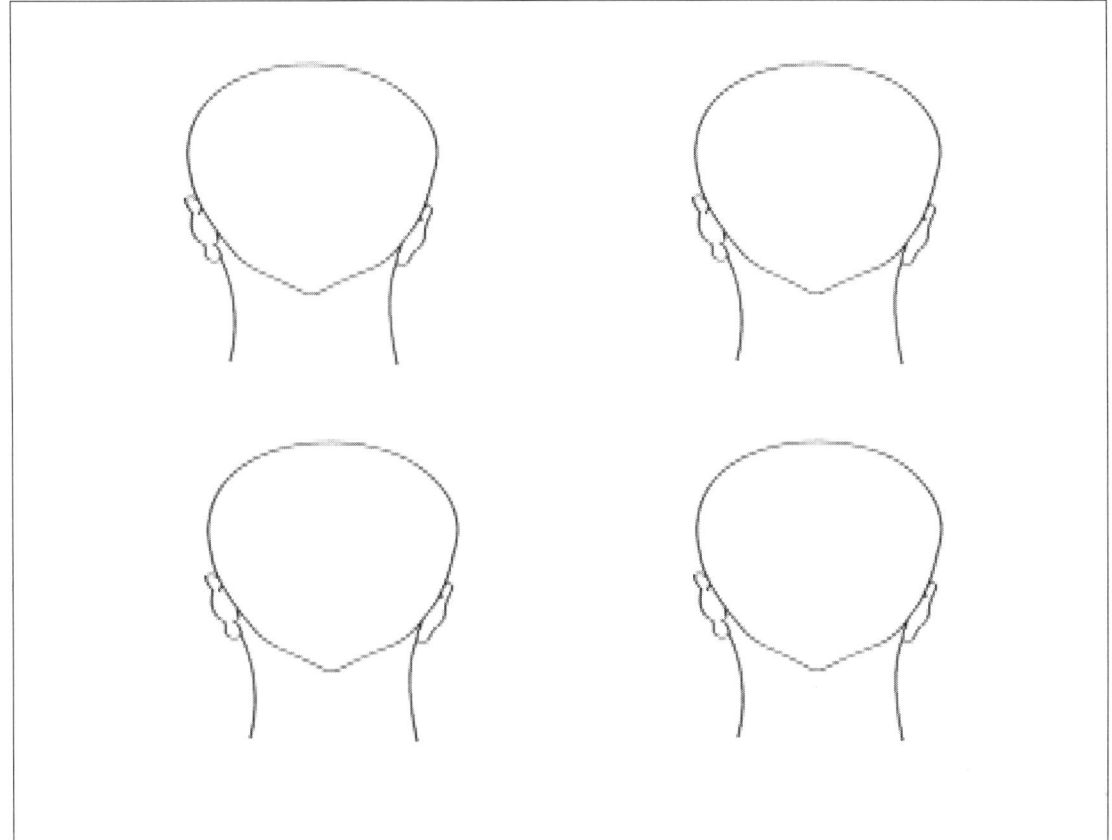

4. 분배(Distribution) : 섹션에 따라 모발을 빗질하는 방향을 말한다.

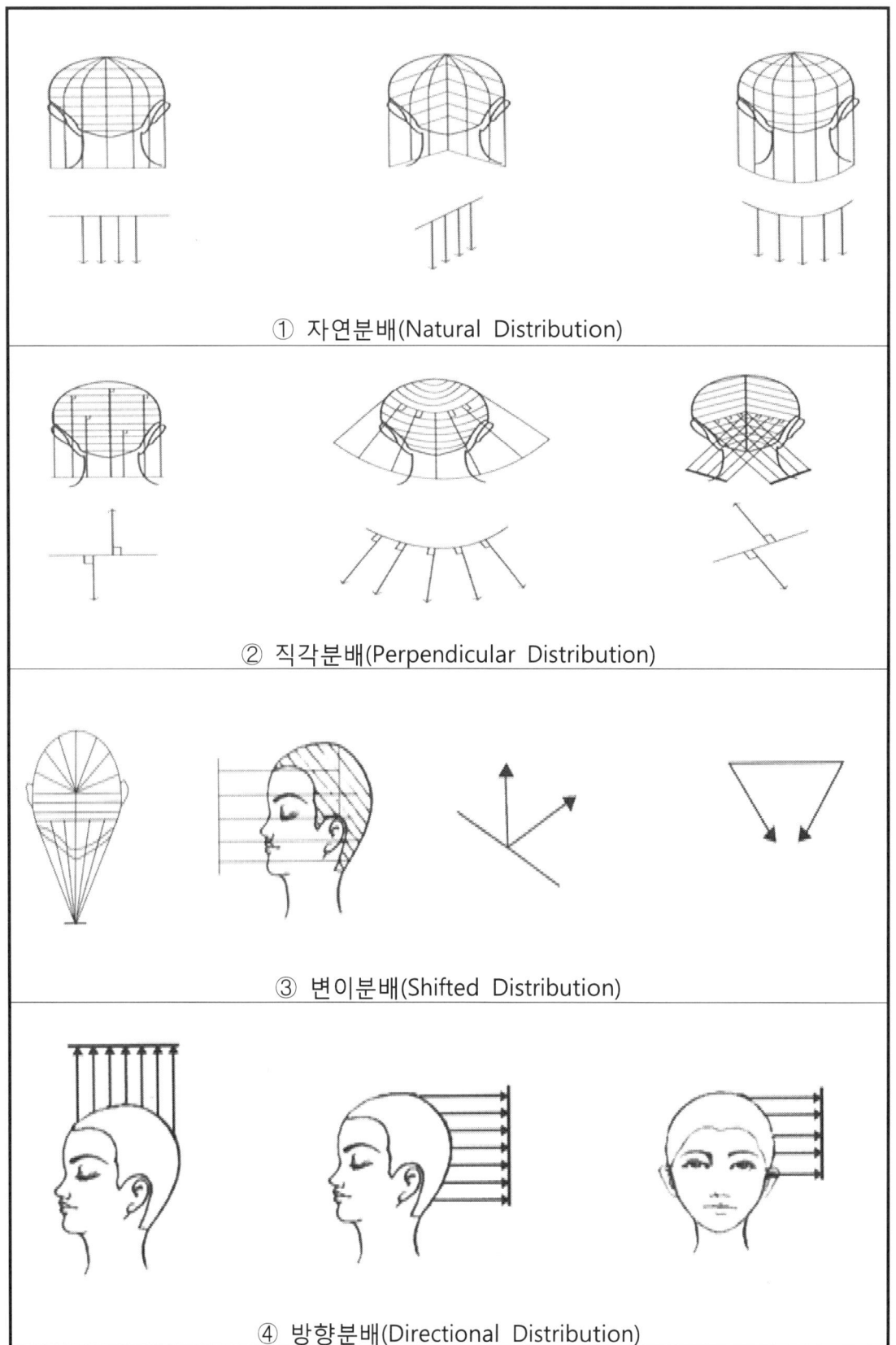

① 자연분배(Natural Distribution)

② 직각분배(Perpendicular Distribution)

③ 변이분배(Shifted Distribution)

④ 방향분배(Directional Distribution)

5. 시술각(Projection) : 커트 시 두상의 곡면으로부터 들어 올려지는 각도

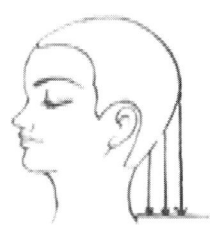

① 솔리드형에 사용되는 시술각 : 자연 시술각(Natural Fall), 두상의 곡면에서 0도

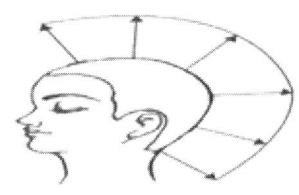

② 유니폼 레이어형에 사용되는 시술각 : 두상의 곡면에서 90도

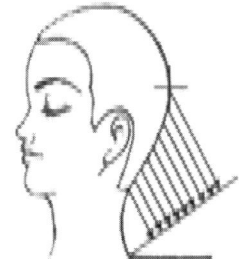 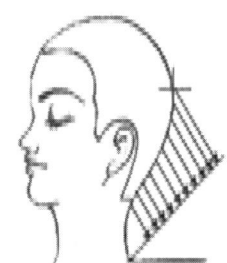 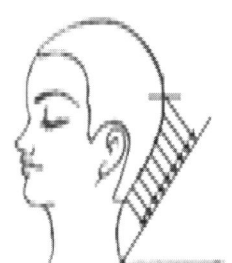

③ 그래쥬에이션형에 사용되는 시술각 : 낮은 시술각(Low Projection), 중간 시술각(Medium Projection), 높은 시술각(High Projection)

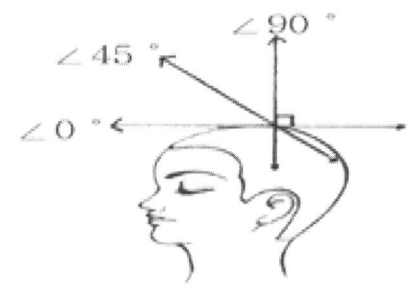 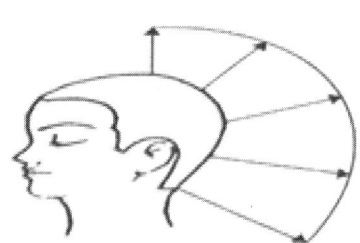

④ 인크리스 레이어형에 사용되는 시술각 : 앞으로 똑바로, 앞으로 45도, 위로 똑바로

6. 손가락 위치(Finger Position)

 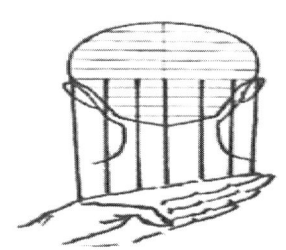

| 손가락위치 평행 : 파팅에 손가락위치를 평행하게 놓는 것을 의미함. | 손가락위치 비평행 : 파팅에 손가락위치를 비평행하게 놓는 것을 의미함. |

7. 디자인라인(Design Line) : 커트 시 사용되는 머리모양 패턴 및 길이 가이드

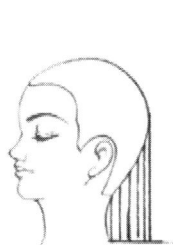 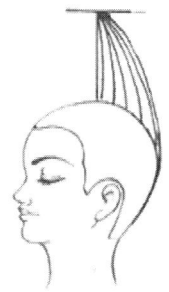 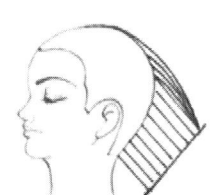

고정 디자인라인 : 커트 시 길이가이드를 형성 후 모든 모발을 처음 정한 길이 가이드에 맞추거나 모아서 커트하는 것

 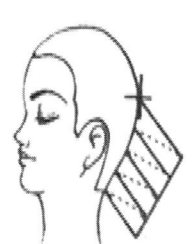 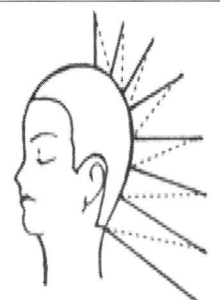

이동 디자인라인 : 커트 시 커트하는 길이 가이드가 이동하면서 커트하는 것

■ 베이스(Base)

① 온 더 베이스(On the base) : 베이스 중심에서 슬라이스 라인에 직각이 되도록 중심에 모아주는 베이스, 접점이 섹션의 중심에 올 때 온 더 베이스가 된다.	② 사이드 베이스(Side base) : 베이스 한쪽에서 직각이 되도록 모발을 모아주는 베이스, 접점이 섹션의 한 곳에 올 때 사이드 베이스가 된다.	③ 오프 더 베이스(Off the base) : 베이스 중심에서 슬라이스 라인에 벗어나도록 기우는 베이스, 접점이 슬라이스 섹션에서 벗어날 때 오프 더 베이스가 된다.
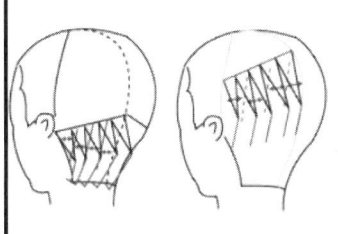 	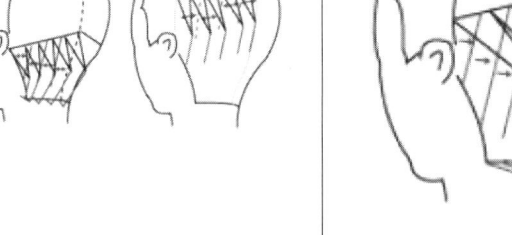 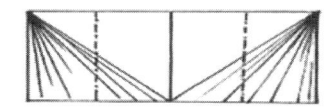	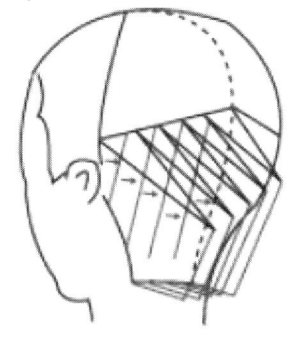 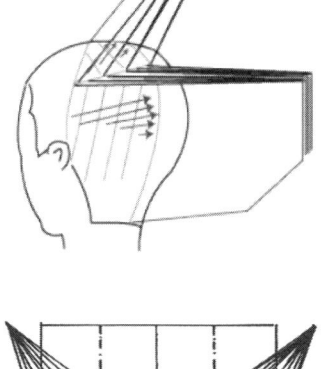
④ 프리 베이스 (Free base) : 업 프리베이스(커트시 위쪽 방향으로 온더베이스보다 더 당기고 사이드 베이스보다 덜 당겨주는 커트베이스), 다운 프리베이스(커트시 아래쪽 방향으로 온더베이스보다 더 당기고 사이드 베이스보다 덜 당겨주는 커트베이스), 왼쪽 프리베이스(커트시 왼쪽방향으로 온더베이스보다 더 당기고 사이드 베이스보다 덜 당겨주는 커트베이스), 오른쪽 프리베이스(커트시 오른쪽방향으로 온더베이스보다 더 당기고 사이드 베이스보다 덜 당겨주는 커트베이스) 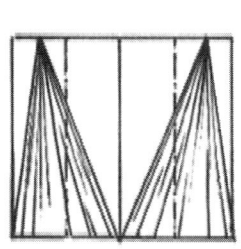		⑤ 트위스트 베이스 (Twist base) : 베이스를 좌우로 비틀어서 만들어진 베이스, 패널의 위의 접점과 아래의 접점을 이어서 커트한다. 길이의 장단, 비틀음을 살려서 자연스럽게 연결시킬 수가 있다. 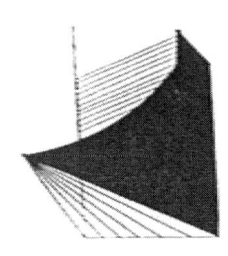

■ 샴푸(Shampooing)

1) 올바른 샴푸 방법

- 모발에 오염물질을 깨끗하게 씻어낸다.
- 충분히 헹구어 준다.
- 풍부한 거품을 내어 두피와 모발의 마찰을 줄이고 세정 상태를 확인한다.
- 샴푸할 때의 손놀림은 무의식 상태의 고객에게 전달되므로 적당한 속도와 리듬을 가지고 행한다.
- 얼굴선과 목덜미를 깨끗이 한다.
- 옷깃이 젖지 않도록 주의한다.
- 샴푸에 사용되는 물의 온도는 38~40℃가 적당하나, 고객에게 동의를 얻어가며 물의 온도를 조절한다.
- 샴푸제의 용량은 모발의 길이와 양에 따라 적당하게 조절한다.
- 고객의 연령층에 따라 마사지의 강약을 조절한다.
- 타월을 이용하여 상하 방향으로 완전히 물기를 제거한 후 드라이기로 건조시킨다.

2) 샴푸잉 시술 순서

① 고객이 샴푸의자에 앉은 후 어깨에 수건을 두른다. 이것은 물이나 거품이 등에 튀어 옷이 더렵혀지는 것을 방지한다.
② 온도에 맞는 물을 모발 끝에서부터 적신다.
③ 물이 귀나 얼굴에 흐르지 않도록 손으로 막아 주면서 물을 적신다.
④ 샴푸를 손에서 덜어 골고루 두피 전체에 도포해 준다.
⑤ 샴푸제를 두피에 바른 상태에서 마사지를 행한다.
⑥ 샴푸제를 깨끗하게 헹군 다음 린스제나 컨디셔너를 도포한다. 린스제는 두피에 닿지 않도록 주의하여 모발에만 도포한다.
⑦ 신정, 백회, 두유, 아문 귀 등을 마사지 한다. 마무리로 다시 한 번 가볍게 헹구어 준다.
⑧ 타월로 두피와 모발의 수분을 닦아내고 귀, 페이스 라인 등을 닦아 준다.
⑨ 등이나 어깨를 받쳐 올리면서 '수고하셨습니다' 또는 '샴푸가 다 끝났습니다'라고 말한다. 타월은 안전하게 머리에 고정시킨 후 자리로 안내한다.

단원평가

1. 커트의 7가지 절차에 대해 쓰시오.

1	( ) : 커트를 정확하게 시술하기 쉽게 두상에 구획을 나누는 것	
2	( )	① 똑바로( ) ② 앞 숙임( ) ③ 옆 기울기( )
3	( )	① 수평( ) ② 좌대각, 우대각( ) ③ 컨벡스( ) ④ 컨케이브( )
4	( )	① 자연( ) ② 직각( ) ③ 변이( ) ④ 방향( )
5	( ) : 커트 시 두상의 곡면으로부터 들어 올려지는 각도	① 솔리드형( ) ② 그래쥬에이션형( ) ③ 인크리스 레이어형( ) ④ 유니폼 레이어형( )
6	( )	
7	( ) : 커트 시 사용되는 머리모양 패턴 및 길이 가이드	① 고정 D.L( ) ② 이동 D.L( )

에듀컨텐츠·휴피아
CH Educontents·Huepia

HAIR CUT ✂
제3장

헤어커트의 실제

Ⅰ. 솔리드형(패러럴)

Ⅱ. 솔리드형(스파니엘)

Ⅲ. 솔리드형(이사도라)

Ⅳ. 솔리드형(머쉬룸)

Ⅴ. 인크리스레이어

Ⅵ. 유니폼레이어

Ⅶ. 쟤커트(레이어)

I. 솔리드형(패러럴)

1. 솔리드형(패러럴) 커트의 7가지 절차

1	블로킹	센타(Center), 이어투이어 (Ear to Ear)
2	머리위치	똑바로 (Up Right)
3	파팅	수평 (Horizontal)
4	분배	자연 (Natural)
5	시술각	자연 (Natural Fall)
6	손가락위치	평행 (Parallel)
7	디자인라인	고정 D.L

【연습하기】

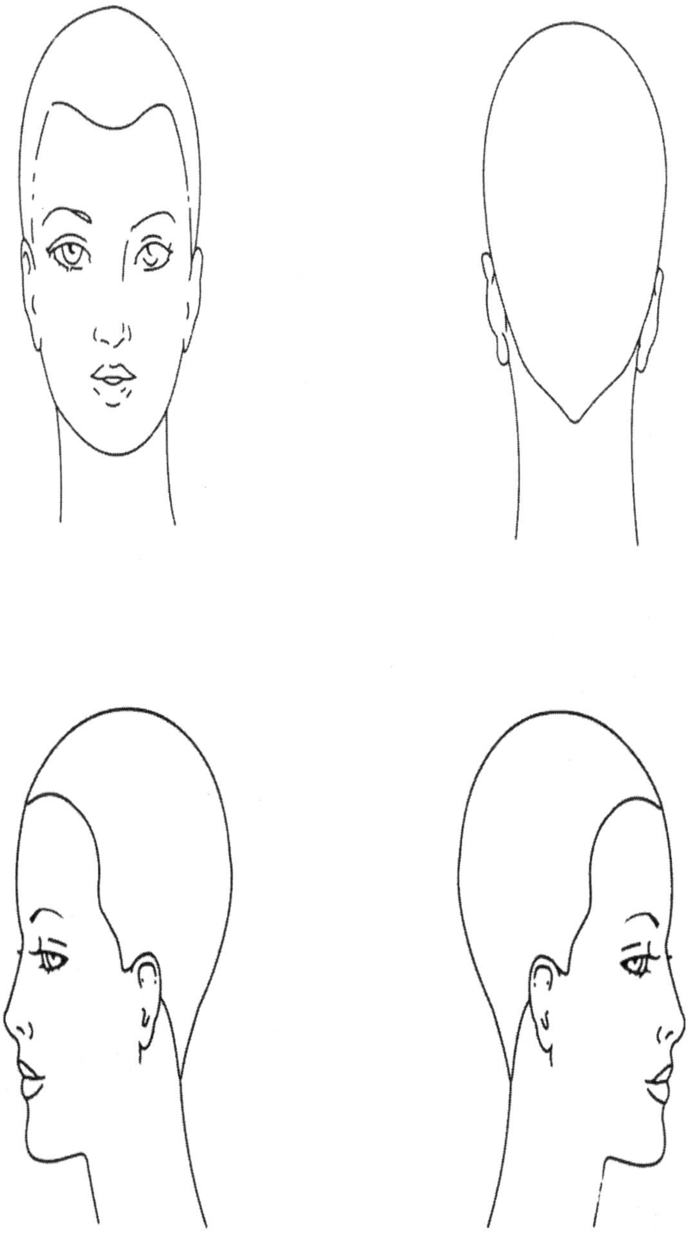

2. 솔리드형(패러럴) 실제

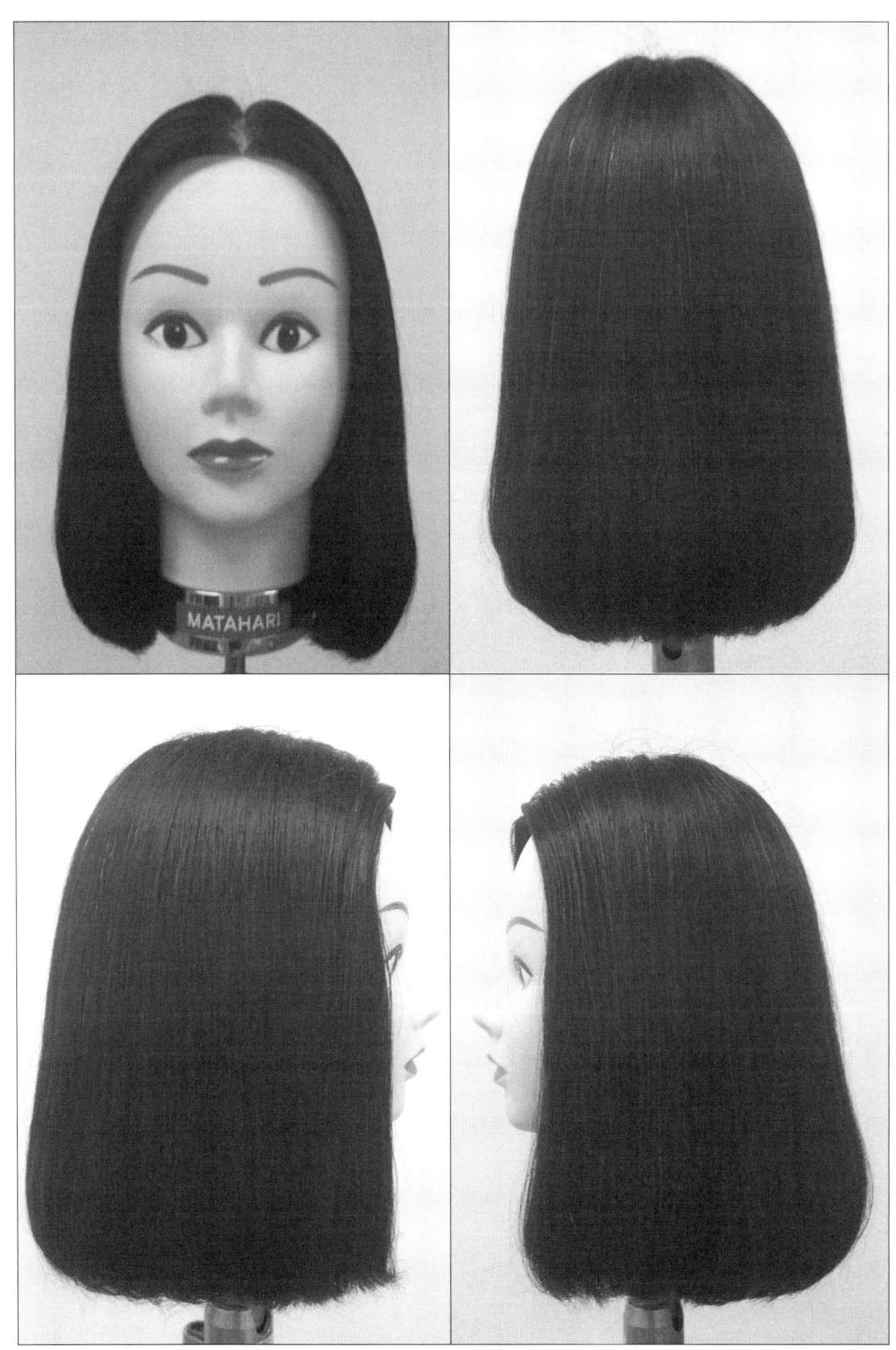

제3장 헤어커트의 실제

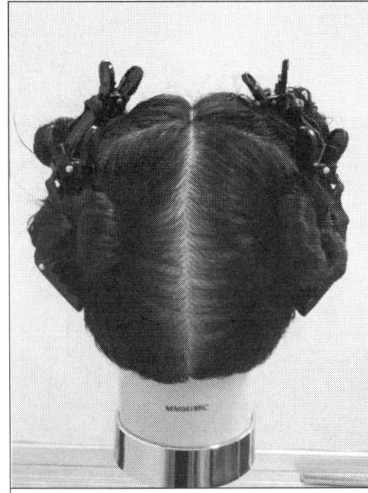

1. 두발에 물을 충분히 적신 후 센타(Center), 이어투이어(Ear to Ear)로 블로킹을 4등분한다.

2. T.P에서 이어투이어, T.P에서 N.P까지 센타 라인으로 나눠서 두발이 흘러내리지 않도록 고정시킨다.

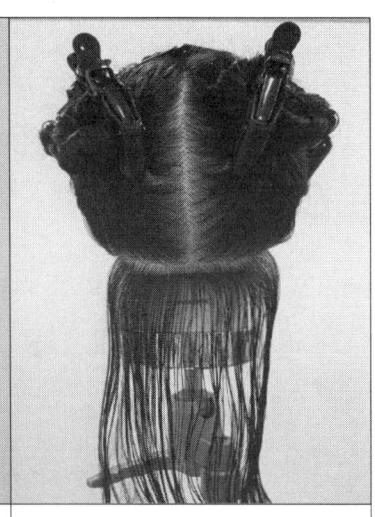

3. 마네킹의 머리 위치를 똑바로 하고 N.P 중심에서 약 1~1.5cm 폭으로 수평라인 슬라이스선을 자연스럽게 빗질한다.

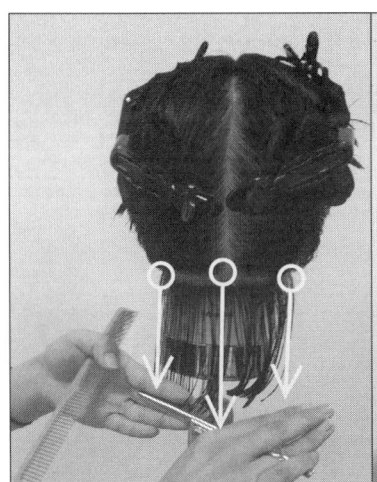

4. N.P중심에서 약 0.5cm를 빗질 후 12cm 길이 가이드라인을 잡는다. N.P에서 손가락위치와 슬라이스선이 수평라인이 되도록 하며, 커트 시 텐션이 일정하도록 유의해야 한다.

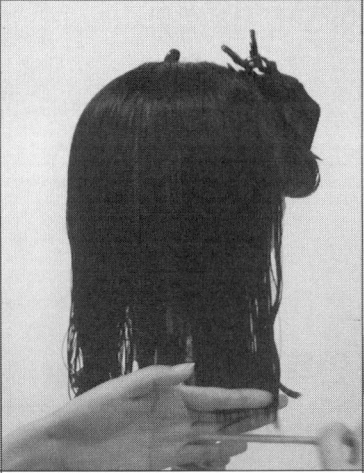

5. 양쪽 N.C.P의 길이가 수평 라인으로 길이가 같은지 반드시 확인이 필요하다.

6. 수평 슬라이스선과 빗을 평행하게 유지하고 빗질은 모근까지 빗질 후 일정한 텐션으로 커트한다.

기초커트

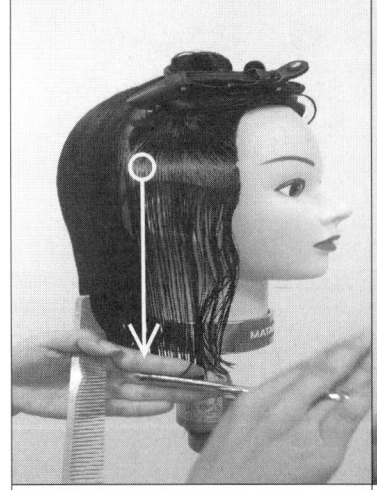 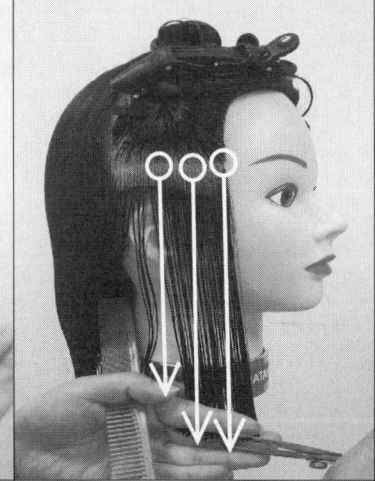 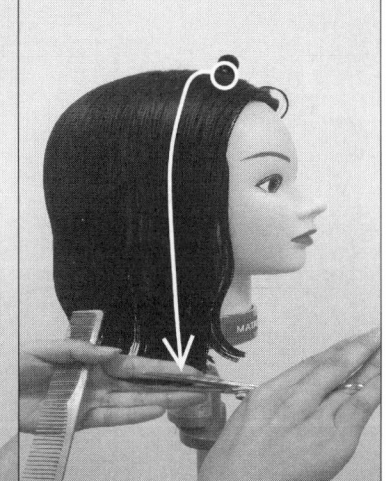

7. 두상의 똑바로 하고 백(Back) 부분의 커트 된 모발 1cm 기준으로 길이가 이드라인을 기점으로 사이드를 수평 라인으로 커트한다. 가이드라인에 맞추어 슬라이스 폭은 1~1.5cm로 하고 스트랜드의 양은 한 번에 자를 수 있는 양만큼만 잡고 커트한다.	8. F.S.P에서 부터는 헤어라인의 곡면을 따라서 얼레살로 빗질을 하고 텐션을 일정하게 주면서 수평라인으로 커트한다. N.C.P, E.B.P, S.C.P 의 양쪽 두발 길이가 가이드라인이 되기 때문에 확인을 하면서 커트한다.	9. 좌측도 우측과 같은 방법으로 커트한다. 이때 정중선을 중심으로 좌측과 우측의 빗질되는 방향과 각도를 같게 해야 하며 머리 길이가 동일하도록 텐션에 유의해야 한다.

【체크포인트】

F.S.P에서는 헤어라인의 곡면을 따라서 얼레살로 빗질을 하고, 최소한의 텐션을 주면서 패러럴(수평) 디자인라인을 따라 앞뒤 단차가 평행하도록 커트해야 한다.

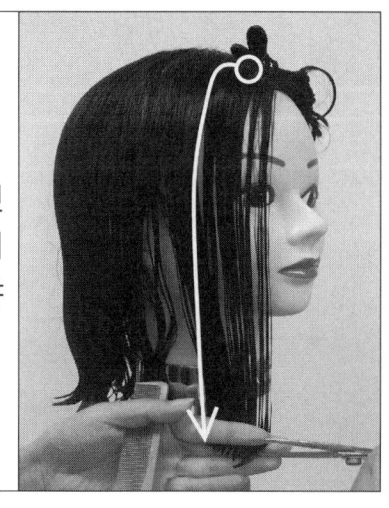

■ 학습자 완성사진 붙이기

솔리드형(패러럴) **정면**	**솔리드형(패러럴)** **후면**

솔리드형(페러럴) **우측**	**솔리드형(페러럴)** **좌측**

기초커트

■ 단원평가 및 포트폴리오

1. 솔리드형(패러럴)에 대해 설명하시오.

1	블로킹	
2	머리위치	
3	파팅	
4	분배	
5	시술각	
6	손가락위치	
7	디자인라인	

솔리드형 (패러럴) 특징	
솔리드형 (패러럴) 이미지 사진	

II. 솔리드형(스파니엘)

1. 솔리드형(스파니엘) 커트의 7가지 절차

1	블로킹	센타(Center), 이어투이어 (Ear to Ear)	
2	머리위치	똑바로 (Up Right)	
3	파팅	전대각 (Diagonal Forward)	
4	분배	자연 (Natural)	
5	시술각	자연 (Natural Fall)	
6	손가락위치	평행 (Parallel)	
7	디자인라인	고정 D.L	

제3장 헤어커트의 실제

【연습하기】

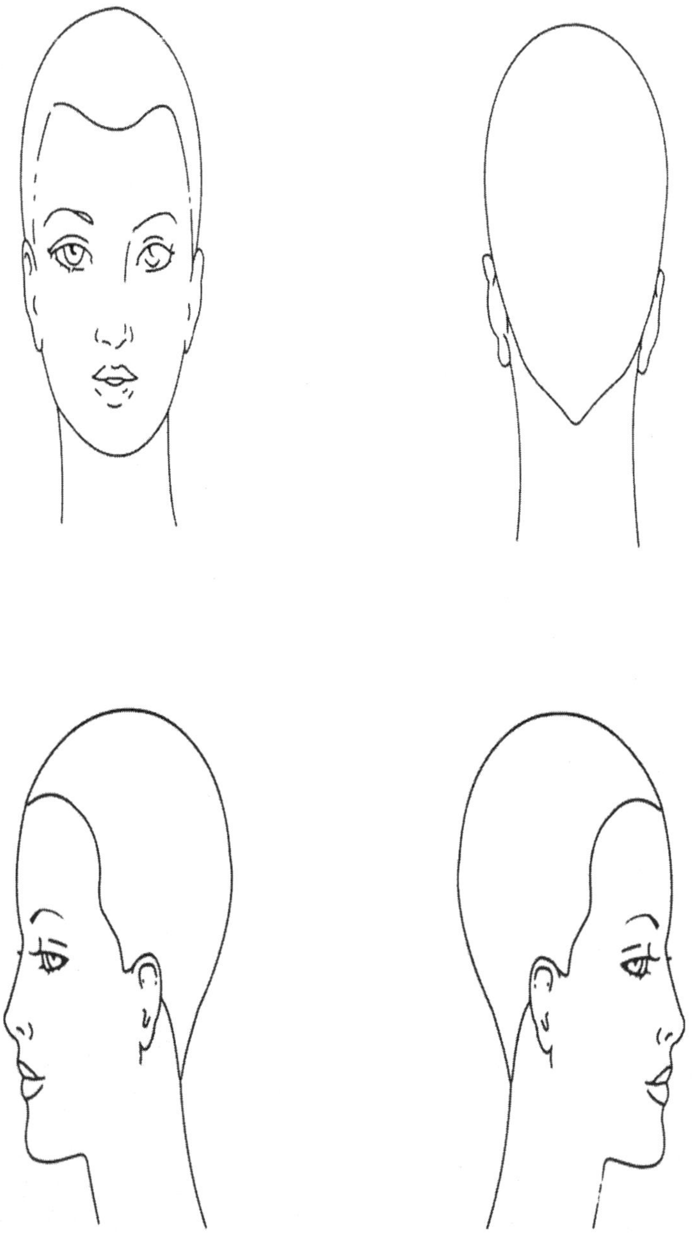

2. 솔리드형(스파니엘)의 실제

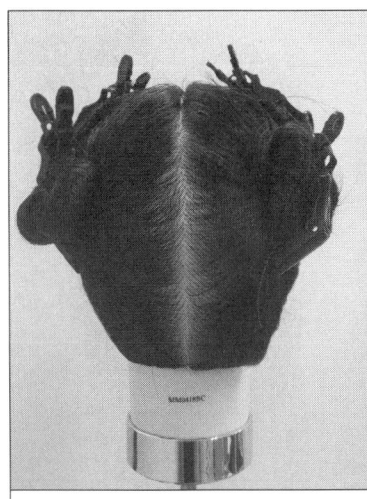

1. 두발에 물을 충분히 적신후 센타(Center), 이어투이어(Ear to Ear)로 블로킹을 4등분한다.

2. T.P에서 이어투이어, T.P에서 N.P까지 센타 라인으로 나눠서 두발이 흘러내리지 않도록 고정시킨다.

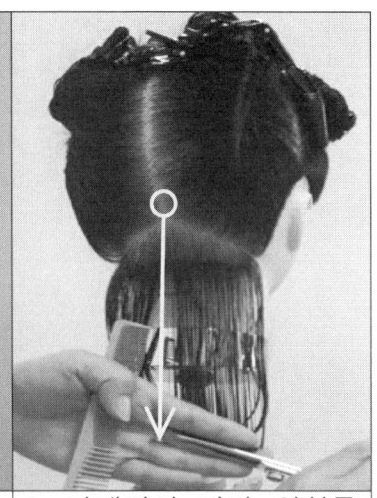

3. 마네킹의 머리 위치를 똑바로 하고 N.P 중심에서 약 1~1.5cm 폭으로 전대각 라인의 슬라이스 선을 자연스럽게 빗질한다.

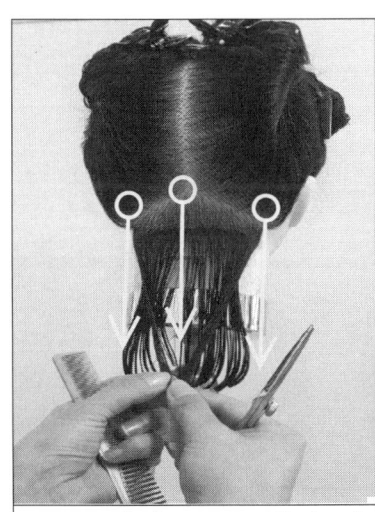

4. N.P에서 12cm 길이가 이드라인을 잡는다. 손가락위치와 슬라이스선이 전대각 라인이 되도록 하며, N.P 중심에서 약 0.5cm를 수평라인으로 자른 후 양쪽 N.C.P의 길이가 전대각 라인으로 길이가 같게 자른다.

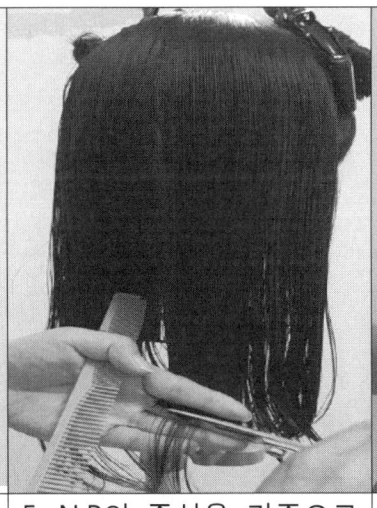

5. N.P의 중심을 기준으로 하여 시술각 0°, 자연분배로 빗질한다. 전대각 슬라이스와 빗을 평행하게 유지하고 빗질은 모근까지 빗질 후 일정한 텐션으로 커트한다.

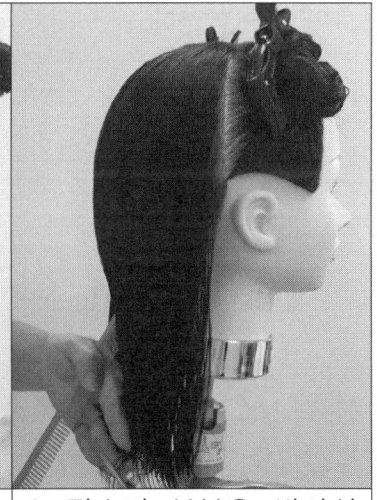

6. 정수리 부분은 방사선 방향으로 자연스럽게 내려오도록 얼레살로 빗질하는 것이 중요하다. 스파니엘 디자인라인은 전대각라인으로 앞쪽이 길어지는 것이 특징이다.

기초커트

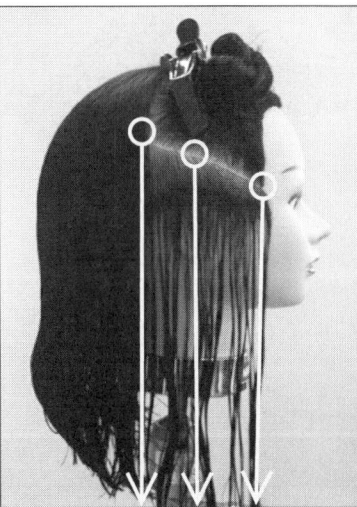  

7. 두상을 똑바로 하고 백(Back) 부분의 커트 된 모발 1cm 기준으로 길이가 이드라인을 설정한다. N.C.P, E.B.P, S.C.P의 양쪽 두발 길이가 가이드라인이 되기 때문에 확인을 하면서 커트한다.

8. F.S.P에서 부터는 헤어라인의 곡면을 따라서 얼레살로 빗질을 하고 텐션을 일정하게 주면서 전대각 라인으로 커트한다. 수평선상의 앞뒤 단차가 4~5cm로 전대각 라인인지 반드시 확인이 필요하다.

9. 좌측도 우측과 같은 방법으로 커트한다. 이때 정중선을 중심으로 좌측과 우측의 빗질되는 방향과 각도를 같게 해야 하며 머리 길이가 동일하도록 텐션에 유의해야 한다.

【체크포인트】

양쪽 N.C.P의 길이가 수평선상의 앞뒤 단차가 4~5cm로 전대각라인(경사선 40~50°)으로 자연분배이어야하며, F.S.P에서부터는 헤어라인의 곡면을 따라서 얼레살로 빗질을 하고 텐션을 일정하게 주면서 커트한다.
※잘못된 예시→

■ 학습자 완성사진 붙이기

솔리드형(스파니엘) **정면**	**솔리드형(스파니엘)** **후면**

솔리드형(스파니엘) **우측**	**솔리드형(스파니엘)** **좌측**

■ 단원평가 및 포트폴리오

1. 솔리드형(스파니엘)에 대해 설명하시오.

1	블로킹	
2	머리위치	
3	파팅	
4	분배	
5	시술각	
6	손가락위치	
7	디자인라인	

제3장 헤어커트의 실제

솔리드형 (스파니엘) 특징	
솔리드형 (스파니엘) 이미지 사진	

III. 솔리드형(이사도라)

1. 솔리드형(이사도라) 커트의 7가지 절차

1	블로킹	센타(Center), 이어투이어 (Ear to Ear)
2	머리위치	똑바로 (Up Right)
3	파팅	후대각 (Diagonal Back))
4	분배	자연 (Natural)
5	시술각	자연 (Natural Fall)
6	손가락위치	평행 (Parallel)
7	디자인라인	고정 D.L

【연습하기】

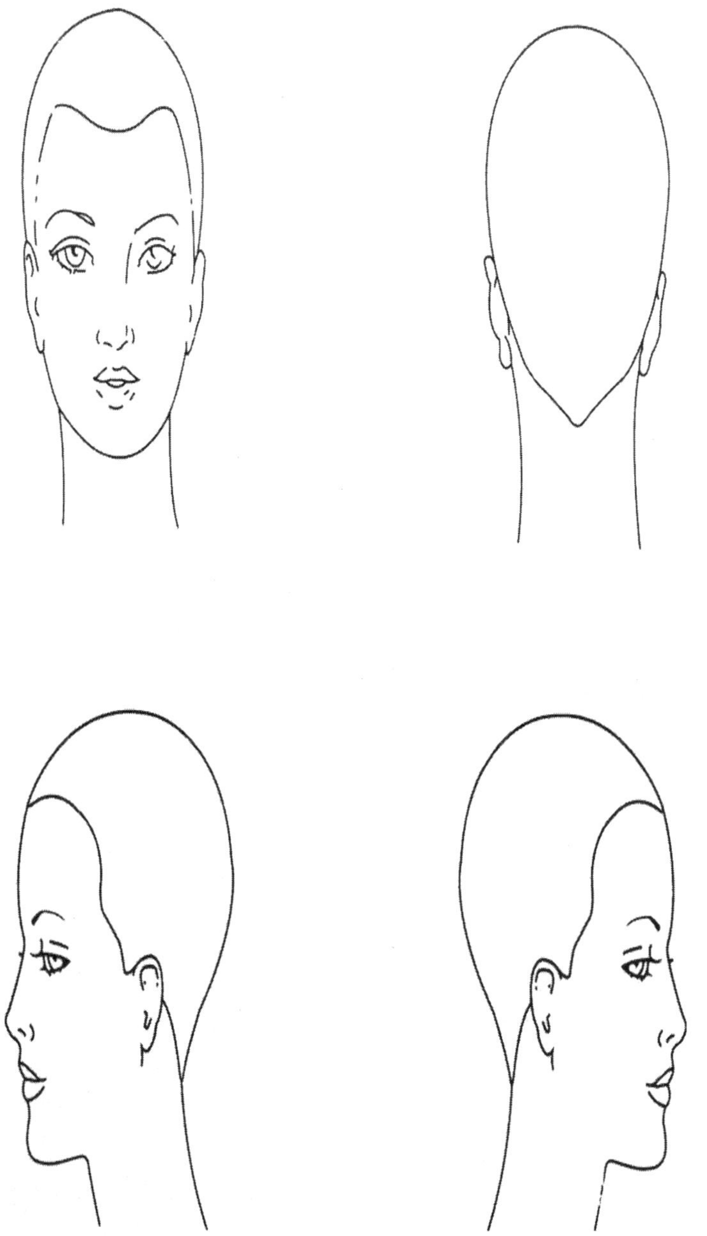

2. 솔리드형(이사도라) 실제

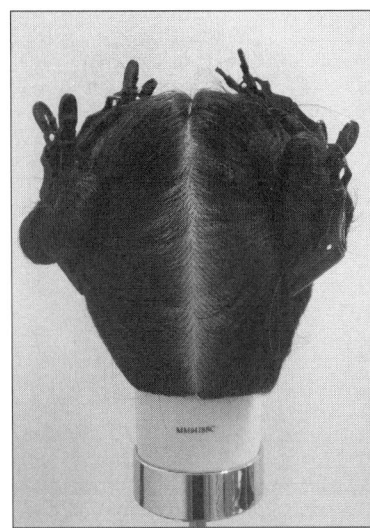 1. 두발에 물을 충분히 적신후 센타(Center), 이어투이어(Ear to Ear)로 블로킹을 4등분한다.	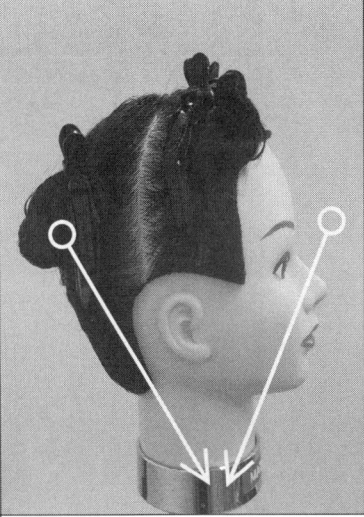 2. T.P에서 이어투이어, T.P에서 N.P까지 센타 라인으로 나눠서 두발이 흘러내리지 않도록 고정시킨다.	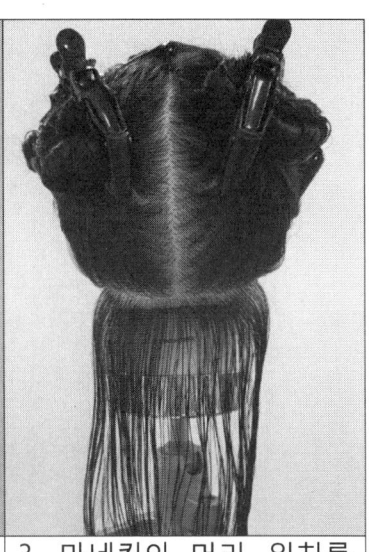 3. 마네킹의 머리 위치를 똑바로 하고 N.P 중심에서 약 1~1.5cm 폭으로 후대각(U라인)라인의 슬라이스선을 자연스럽게 빗질한다.
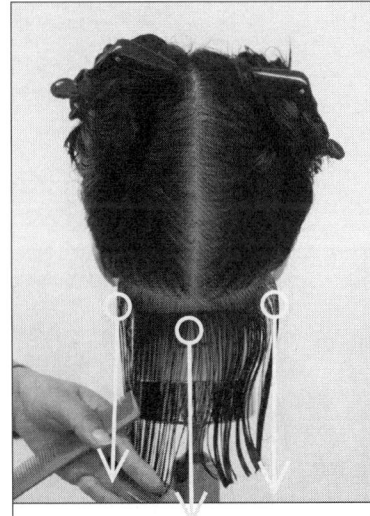 4. N.P에서 12cm 길이 가이드라인을 잡는다. 손가락위치와 슬라이스선이 후대각(U라인)라인이 되도록 하며, N.P 중심에서 약 0.5cm를 수평라인으로 자른 후 양쪽 N.C.P의 길이가 후대각(U라인) 라인으로 길이가 같게 자른다.	 5. 사이드는 후대각 슬라이스하고 슬라이스 폭은 1~1.5cm로 한다. 스트랜드의 양은 한 번에 자를 수 있는 양만큼만 잡고 커트한다.	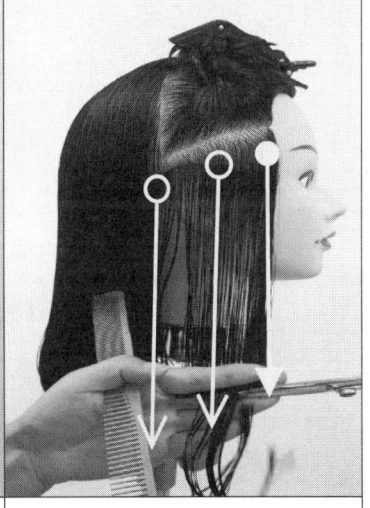 6. 백 부분의 길이와 연결하여 수평선상의 앞뒤 단차가 4~5cm인지 반드시 확인이 필요하다. N.S.P, E.B.P, S.C.P 의 양쪽 두발 길이가 가이드라인이 되기 때문에 확인을 하면서 커트한다.

기초커트

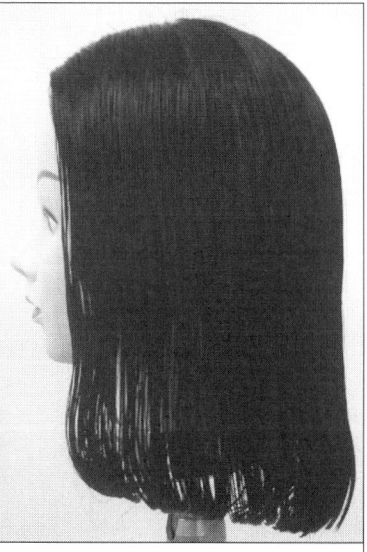

7. 좌측 측면도 우측과 동일하게 두상의 똑바로 하고 백(Back) 부분의 커트된 모발 1cm 기준으로 길이가이드라인을 기점으로 후대각 라인으로 커트한다.	8. 좌측과 우측 S.C.P 길이와 대칭이 되는지 확인한다. F.S.P에서 부터는 헤어라인의 곡면을 따라서 얼레살로 빗질을 하고 텐션을 일정하게 주면서 후대각 라인으로 커트한다.	9. 정중선을 중심으로 좌측과 우측의 빗질되는 방향과 각도를 같게 해야 하며 머리 길이가 동일하도록 텐션에 유의해야 한다.

【체크포인트】

양쪽 N.C.P의 길이가 수평선상의 앞뒤 단차가 4~5cm로 후대각라인(경사선 40~50°)으로 동일한지 확인해야 하며, F.S.P에서 부터는 헤어라인의 곡면을 따라서 얼레살로 빗질을 하고 텐션을 일정하게 주면서 커트한다.

※잘못된 예시→

◼ 학습자 완성사진 붙이기

솔리드형(이사도라) **정면**	**솔리드형(이사도라)** **후면**

솔리드형(이사도라) **우측**	**솔리드형(이사도라)** **좌측**

◼ 단원평가 및 포트폴리오

1. 솔리드형(이사도라)에 대해 설명하시오.

1	블로킹	
2	머리위치	
3	파팅	
4	분배	
5	시술각	
6	손가락위치	
7	디자인라인	

솔리드형 (이사도라) 특징	
솔리드형 (이사도라) 이미지 사진	

IV. 솔리드형(머쉬룸)

1. 솔리드형(머쉬룸) 커트의 7가지 절차

1	블로킹	센타(Center) 2등분 & 노파트(No Part)	
2	머리위치	앞숙임(Forward)/ 똑바로(Up Right)	
3	파팅	후대각 (Diagonal Back)	
4	분배	자연 (Natural)	
5	시술각	자연 (Natural Fall)	
6	손가락위치	평행 (Parallel)	
7	디자인라인	고정 D.L	

【연습하기】

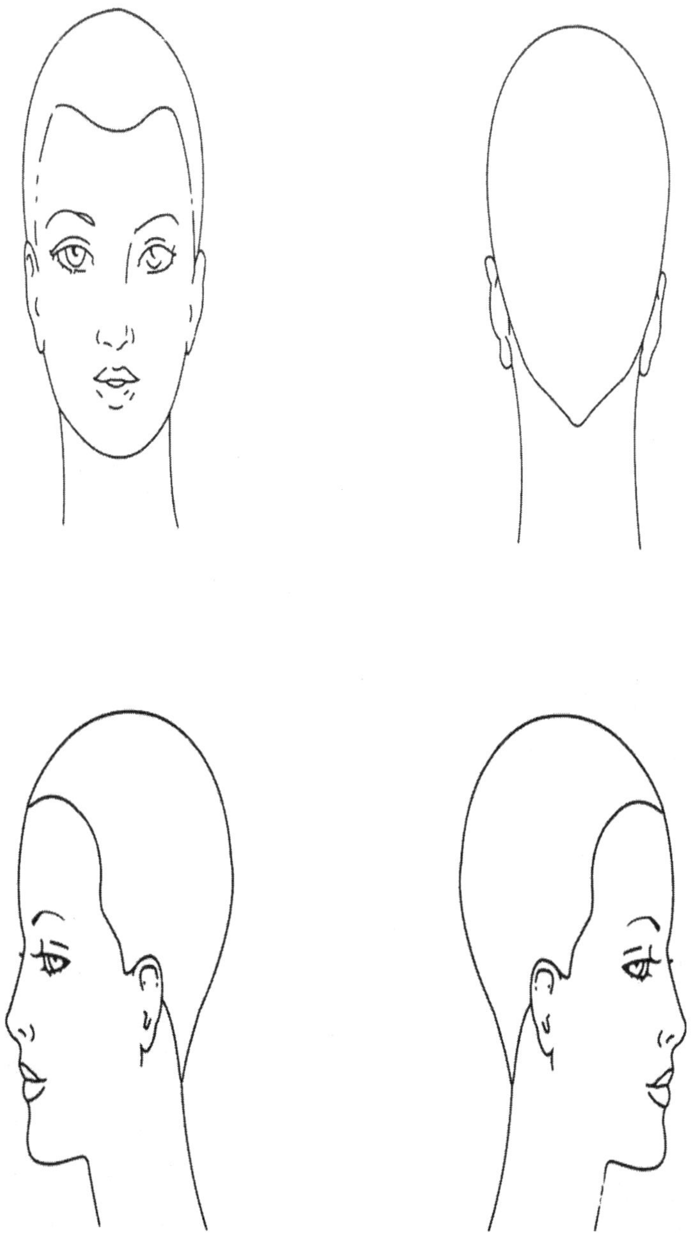

2. 솔리드형(머쉬룸) 실제

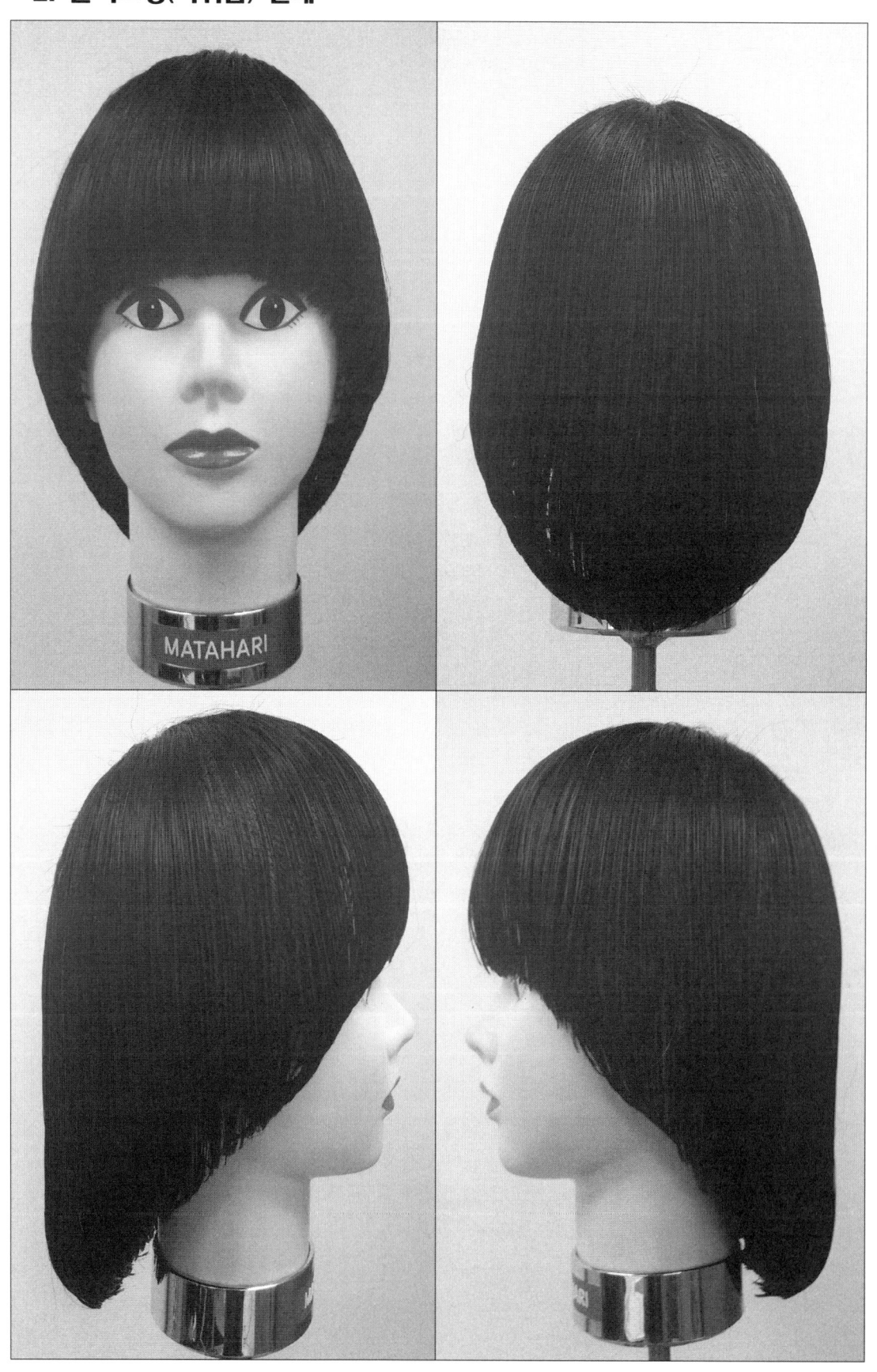

1. 두발에 물을 충분히 적신 후 G.P를 중심으로 귀 뒤쪽의 부분이 약 1cm 폭이 되도록 아웃라인에 슬라이스를 나눈다.	2. 프론트 센터를 약 1cm 슬라이스를 나눠 윗 눈꺼풀 라인에 맞춰 라인을 만들어 간다. 판넬을 당길 때는 자연스럽게 떨어지도록 텐션에 유의해야 한다.	3. 마네킹의 머리 위치를 앞숙임으로 하고 N.P 중심에서 약 1~1.5cm 폭으로 N.C.P까지 연장선상의 라인으로 연결해서 커트한다.
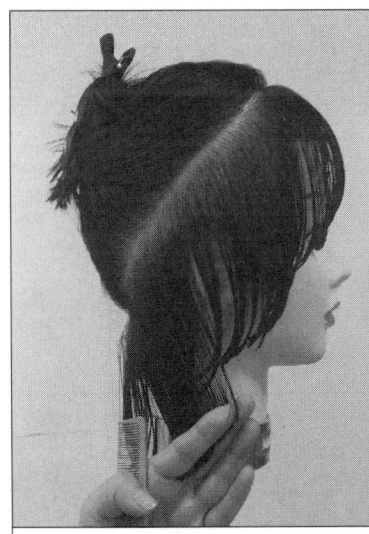		
4. 백센터까지 같은 둥근 라인 그대로 연장선상으로 연결해서 자른다. 두 번째 슬라이스선도 같은 방법으로 약 1~1.5cm 폭으로 커트한다.	5. 좌측도 같은 방법으로 아웃라인을 자른다. 전체 둥글림의 각도를 체크하여 좌우 동일한 라인이 되도록 한다.	6. 두 번째 섹션도 같은 방법으로 1~2cm씩 슬라이스로 엘레베이션 하지 않고 커트해 나간다.

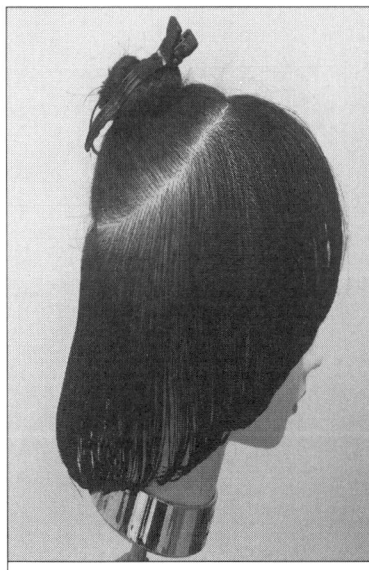	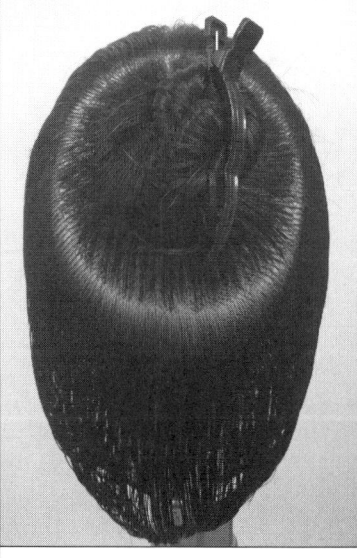	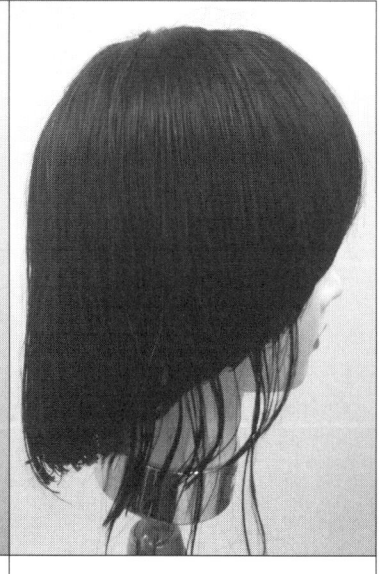
7. 두상을 앞숙임하고 G.P를 중심으로 타원형이 되도록 하고 T.P 부분으로 가면서 방사선 상태로 머리카락이 떨어져 슬라이스 간격보다는 가이드라인에 나오는 머리카락이 감소하기 때문에 조금씩 넓게 한다.	8. 헤어라인의 곡면을 따라서 얼레살로 빗질을 하고 텐션을 일정하게 주면서 커트한다. C.P 10cm, 네이프 라인(Namp Line) 3cm, 사이드 라인(Side Line) 8cm를 연결하는 라인을 만든다.	9. 전체 둥글림의 각도를 체크하여 좌우 동일한 라인을 되도록 한다.

【체크포인트】

초보자는 G.P를 중심으로 귀 뒤쪽의 부분이 약 1cm 폭이 되도록 아웃라인에 슬라이스를 나누기가 힘들면 센타로 2등분을 나누어서 파팅을 나눈다. C.P를 10cm로 가이드라인을 잡고 텐션을 자연스럽게 잡고 쉐이핑하도록 유의해야 한다

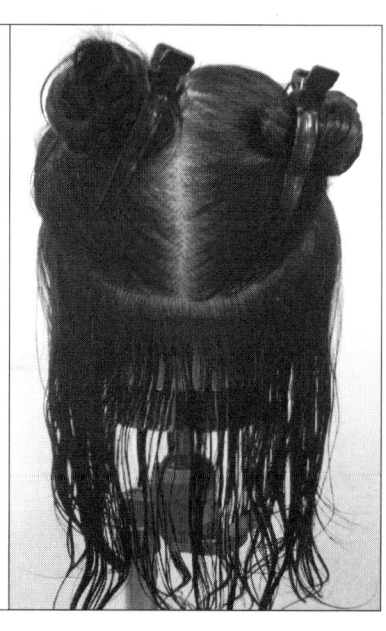

◾ 학습자 완성사진 붙이기

솔리드형(머쉬룸) **정면**	**솔리드형(머쉬룸)** **후면**
솔리드형(머쉬룸) **우측**	**솔리드형(머쉬룸)** **좌측**

기초커트

■ 단원평가 및 포트폴리오

1. 솔리드형(머쉬룸)에 대해 설명하시오.

1	블로킹	
2	머리위치	
3	파팅	
4	분배	
5	시술각	
6	손가락위치	
7	디자인라인	

솔리드형 (머쉬룸) 특징	
솔리드형 (머쉬룸) 이미지 사진	

VII. 그래쥬에이션형

1. 그래쥬에이션형 커트의 7가지 절차

1	블로킹	프린지(Fringe), 이어투이어 (Ear to Ear), 헤어라인 파팅(프린지)
2	머리위치	똑바로 (Up Right)
3	파팅	사이드=후대각 (Diagonal Back) 백=컨벡스라인 (Convex Line)
4	분배	직각(Perpendicular)
5	시술각	중간 시술각 낮은 시술각
6	손가락위치	평행(Parallel)
7	디자인라인	고정 D.L 이동 D.L

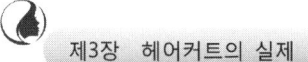

【연습하기】

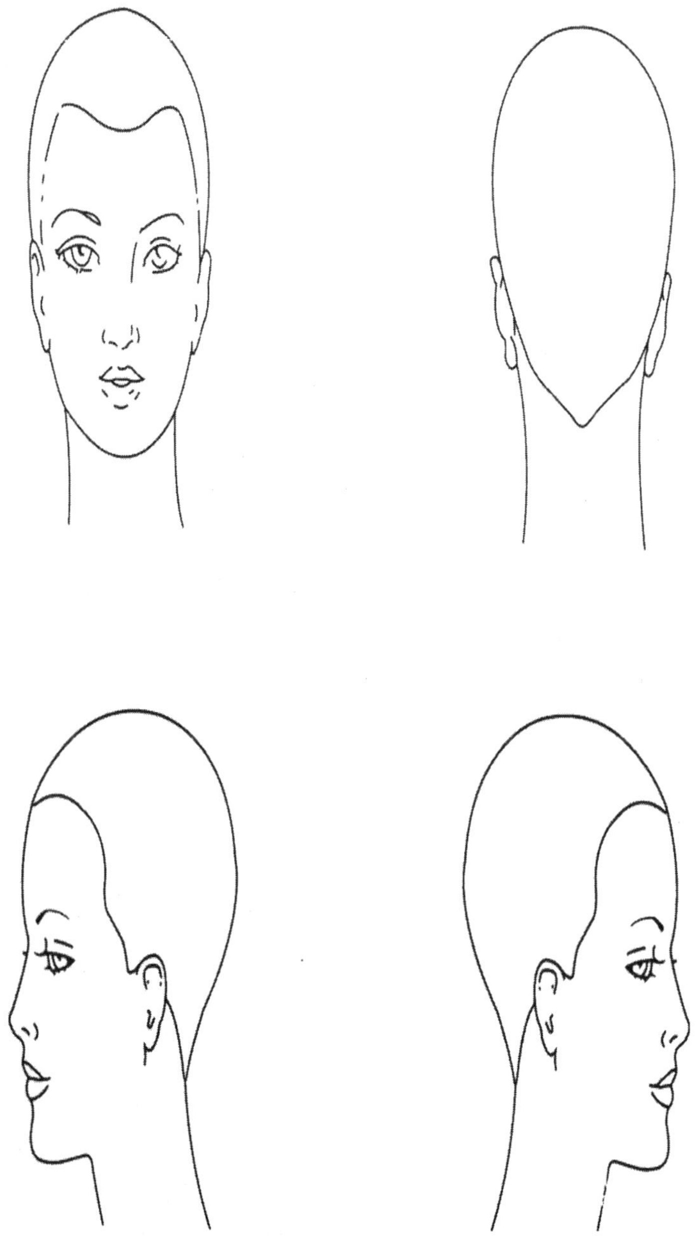

2. 그래쥬에이션형 실제

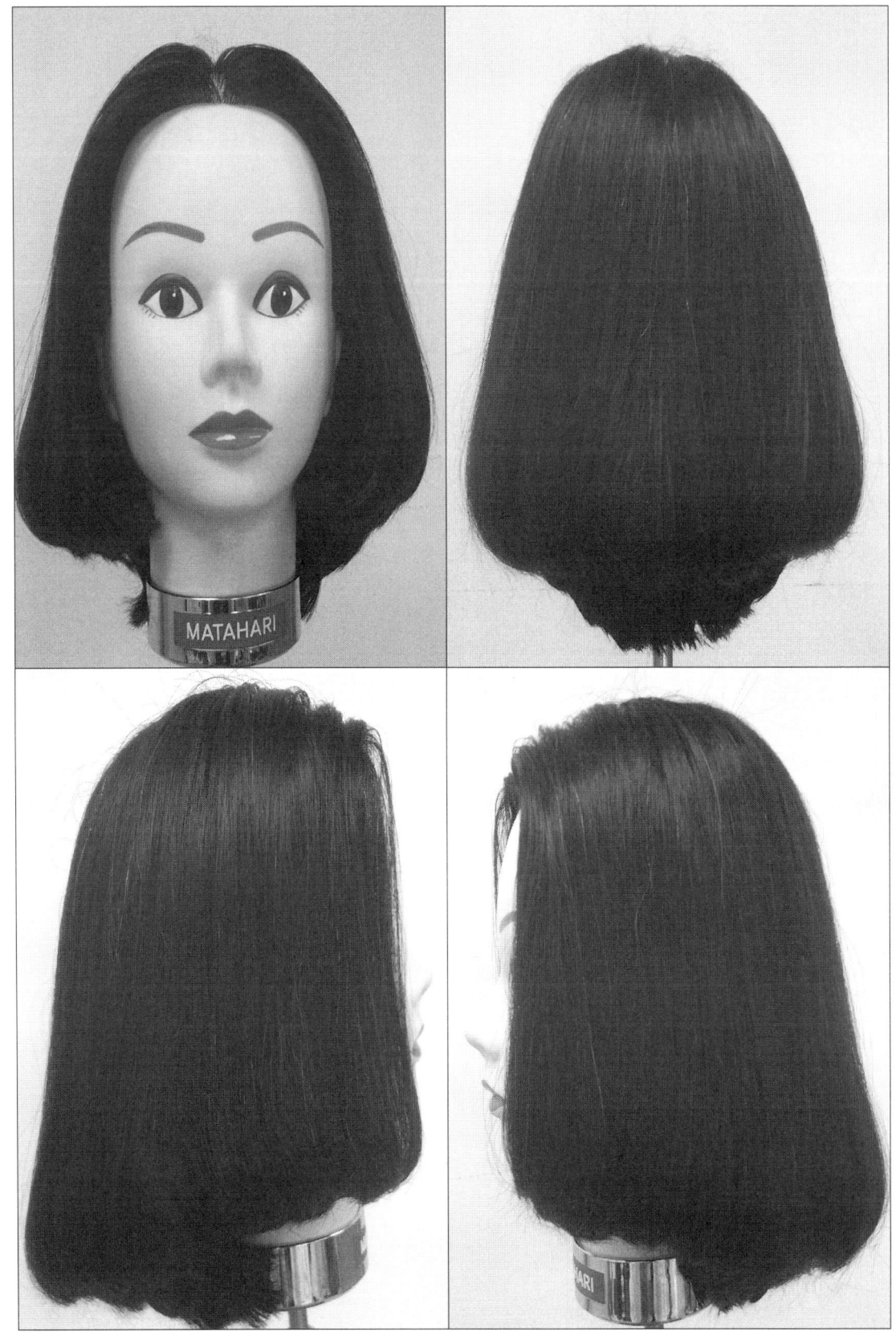

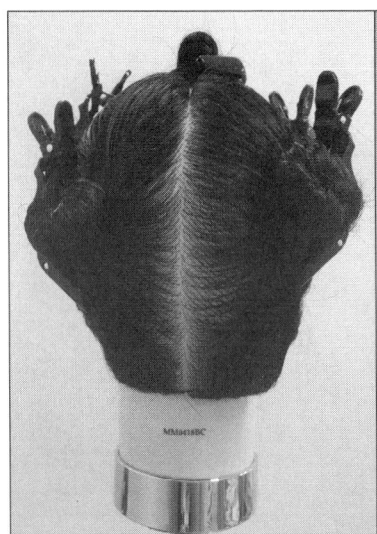

1. 두발에 물을 충분히 적신 후 센타(Center), 이어투이어(Ear to ear), 헤어라인 파팅(프린지)으로 블로킹을 5등분한다.

2. 프린지는 눈썹 3/2지점 위로 올라간 F.S.P지점에서 스퀘어베이스, E.B.P 뒤에 검지를 대고 수직으로 사이드 블로킹, T.P에서 N.P까지 센타 라인으로 나눠서 두발이 흘러내리지 않도록 고정시킨다.

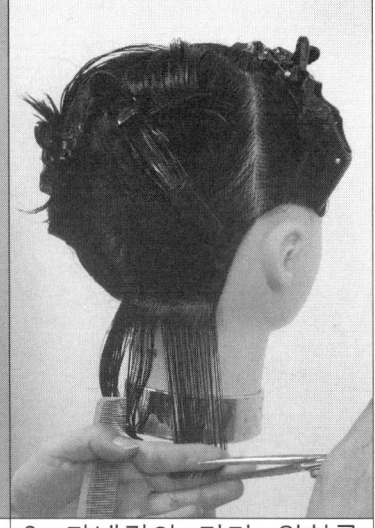

3. 마네킹의 머리 위치를 똑바로 하고 N.P 중심에서 약 1~1.5cm 폭으로 후대각 라인의 슬라이스선을 자연스럽게 빗질한다.

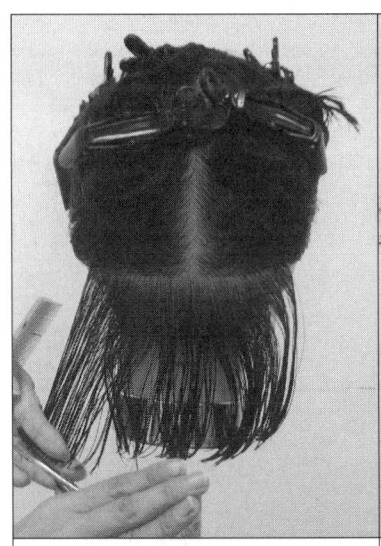

4. N.P에서 12cm 길이 가이드라인을 잡는다. 손가락위치와 슬라이스선이 평행이 되도록 하며, 커트 시 텐션이 일정하도록 유의해야 한다.

5. B.P까지 컨벡스라인(Convex Line)으로 커트하고 N.P에서 B.P까지의 시술각은 중간시술각으로 31~45°로 커트한다.

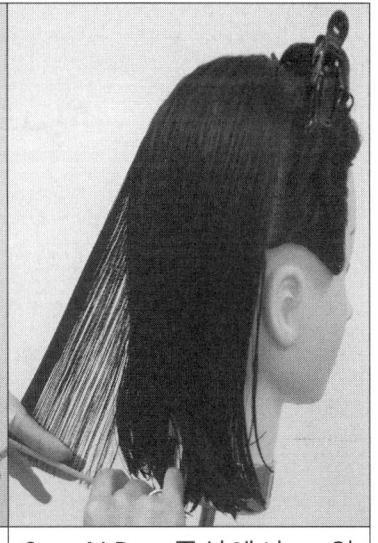

6. N.P 중심에서 약 0.5cm를 수평라인으로 자른 후 양쪽 N.C.P의 길이가 후대각 라인으로 길이가 같게 자른다.

기초 커트

7. B.P에서 T.P까지의 시술각은 낮은시술각으로 10~15°로 커트한다.

8. 사이드 부터는 헤어라인의 곡면을 따라서 얼레살로 빗질을 하고 텐션을 일정하게 주면서 수평이 되도록 커트한다.

9. 프린지는 센타파트하고 파팅을 2개로 나누어서 우측에서부터 사이드에 잘린 시술각과 정수리의 두발 길이와 연결하여 낮은 시술각으로 커트한다. 좌측도 우측과 같은 방법으로 커트한다.

체크포인트

시술각은 N.P→B.P=31~45°, B.P→T.P=10~15°로 들어 올린다. 크레스트 부분부터는 B.P 위치의 길이 가이드에 고정시키며 크레스트 위쪽으로는 10~15° 시술각을 들어서 커트되므로 미세한 단차를 볼 수 있다. 사이드에서 디자인 라인은 수평이 되며 이어투이어(Ear to ear) 길이 가이드를 기준으로 낮은 시술각으로 자른다.

◼ 학습자 완성사진 붙이기

그래쥬에이션형 **정면**	**그래쥬에이션형** **후면**

그래쥬에이션형 **우측**	**그래쥬에이션형** **좌측**

■ 단원평가 및 포트폴리오

1. 그래쥬에이션형에 대해 설명하시오.

1	블로킹	
2	머리위치	
3	파팅	
4	분배	
5	시술각	
6	손가락위치	
7	디자인라인	

그래쥬에이션형 특징	
그래쥬에이션형 이미지 사진	

VI. 인크리스레이어형

1. 인크리스레이어형 커트의 7가지 절차

1	블로킹	센타(Center), 이어투이어(Ear to Ear)
2	머리위치	똑바로 (Up Right)
3	파팅	수직(Vertical), 피봇(Pivot)
4	분배	직각(Perpendicular)
5	시술각	똑바로 위 90도 이상
6	손가락위치	평행(Parallel)
7	디자인라인	고정 D.L, 수직

【연습하기】

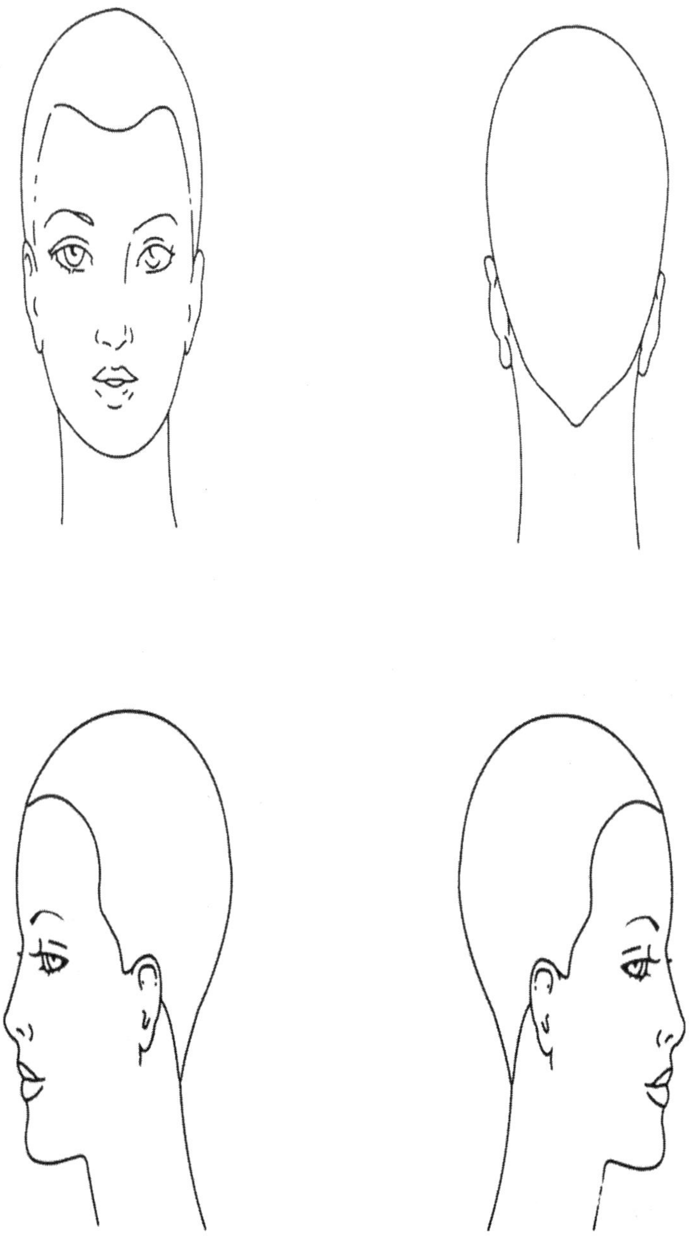

2. 인크리스레이어형 실제

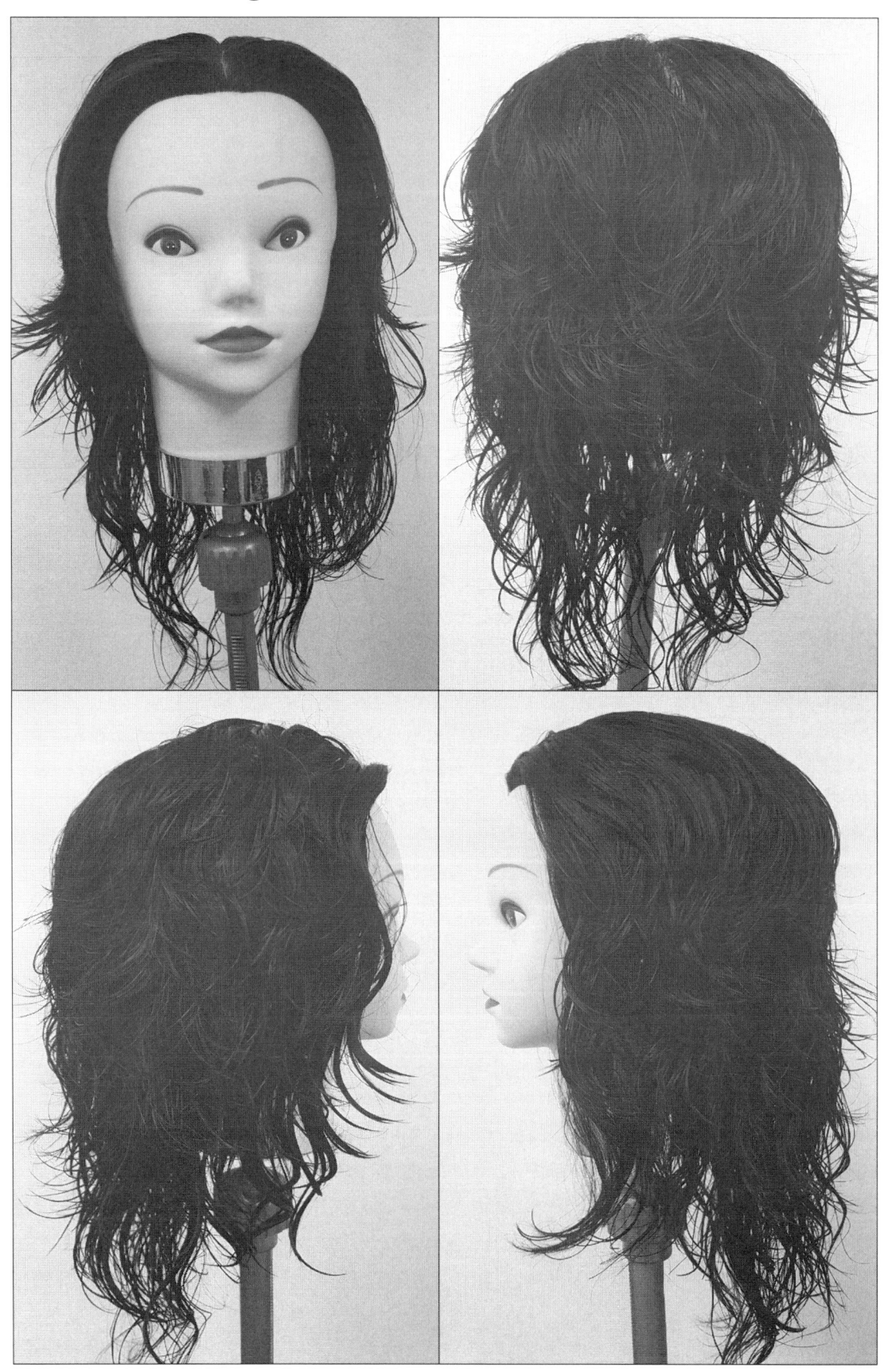

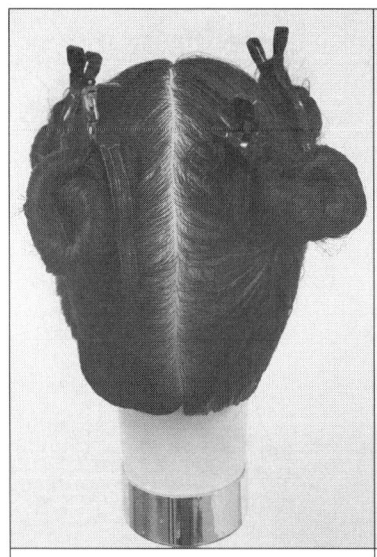

1. 두발에 물을 충분히 적신 후 센타(Center), 이어투이어(Ear to Ear)로 블로킹을 4등분한다.

2. T.P에서 이어투이어, T.P에서 N.P까지 센타 라인으로 나눠서 두발이 흘러내리지 않도록 고정시킨다.

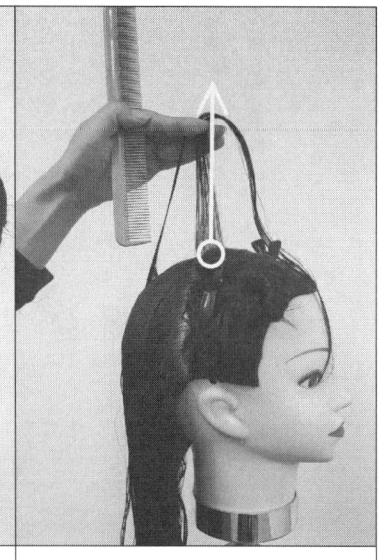

3. 마네킹의 머리 위치를 똑바로 하고 N.P에서 약 0.5cm 머리카락을 N.P~T.P까지 90°로 들어 올려 가이드라인을 설정한다.

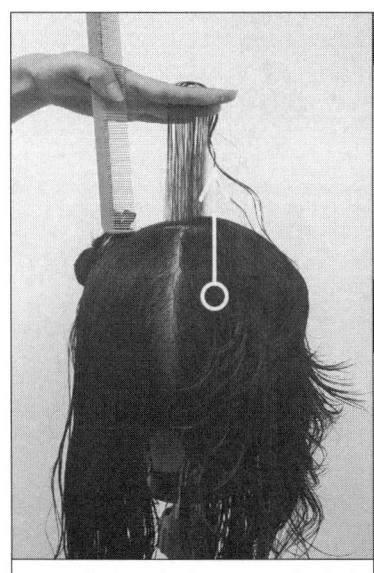

4. 센타 파팅으로 섹셔닝한 다음 T.P~C.P를 연결하여 수직 파팅한다. N.P~T.P, T.P~C.P까지가 가이드라인이 된다.

5. 한면이 평편하게 커트되는 기법으로 모발을 각 파팅에서 똑바로 위 상태에서 수평라인으로 커팅된다.

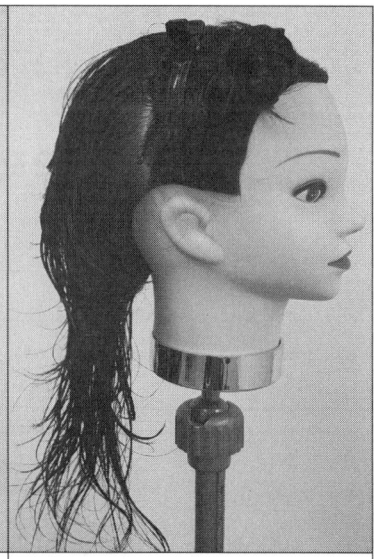

6. 전체적으로 빗질이 똑바로 위가 되도록 유의한다.

기초커트

7. 빗질은 모근까지 빗질 후 일정한 텐션으로 커트한다.

8. 사이드와 프린지에서부터는 얼레살로 빗질을 하고 텐션을 일정하게 주면서 똑바로 위로 커트한다.

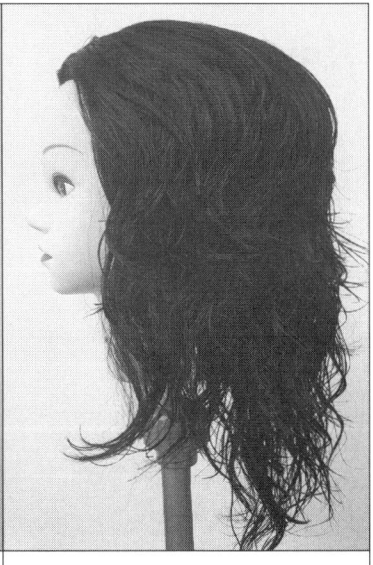

9. 커트할 때 직각분배 즉 위에서 정확하게 90°를 유지하도록 한다.

체크포인트

커트를 하다보면 각도가 아래로 다운되는 경우가 있기 때문에 처음에는 가발 옆모습을 거울로 계속해서 확인하면서 연습하는 것이 좋다.

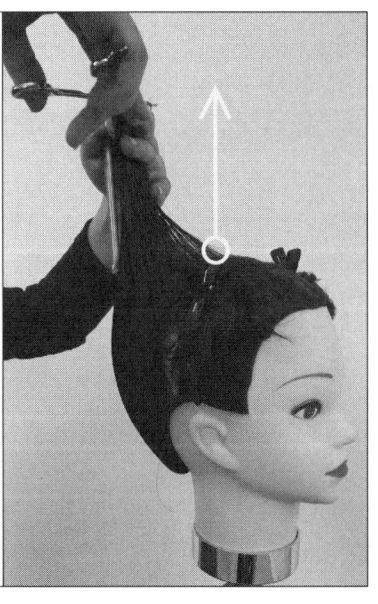

■ 학습자 완성사진 붙이기

인크리스레이어형 정면	**인크리스레이어형 후면**

인크리스레이어형 우측	**인크리스레이어형 좌측**

VII. 유니폼레이어형

1. 유니폼레이어형 커트의 7가지 절차

1	블로킹	프린지(Fringe), 이어투이어 (Ear to Ear), 헤어라인 파팅
2	머리위치	똑바로 (Up Right)
3	파팅	컨벡스라인 (Convex Line)
4	분배	직각(Perpendicular)
5	시술각	90도
6	손가락위치	평행(Parallel)
7	디자인라인	이동 D.L

【연습하기】

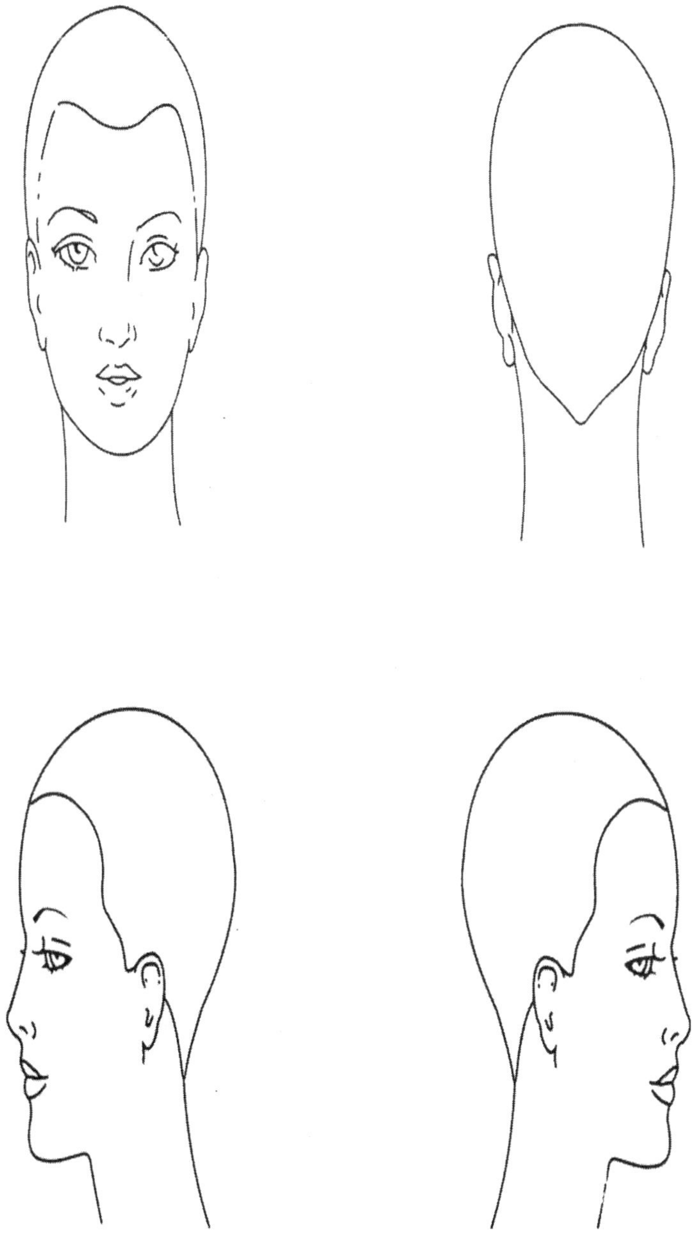

2. 유니폼레이어형 실제

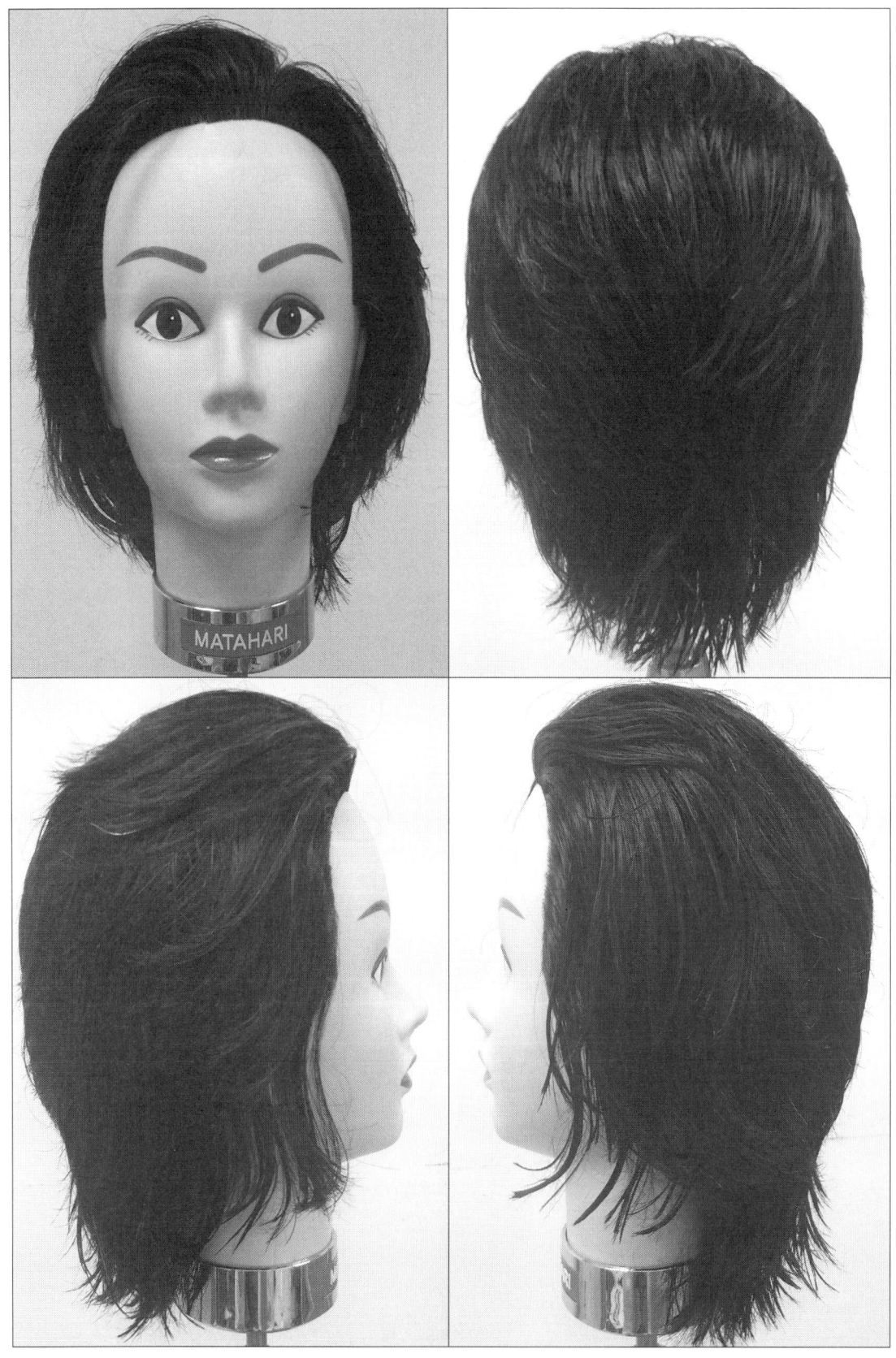

제3장 헤어커트의 실제

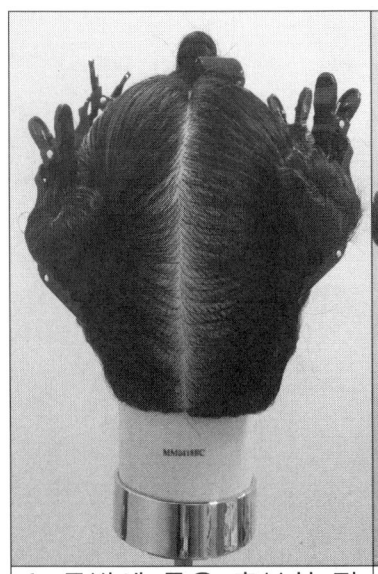

1. 두발에 물을 충분히 적신후 센타(Center), 이어 투이어(Ear to Ear), 헤어라인 파팅(프린지)으로 블로킹을 5등분한다.

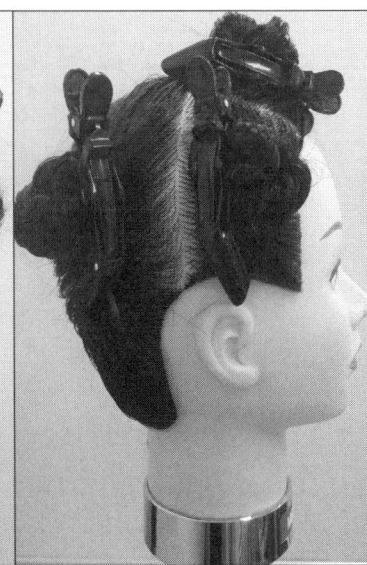

2. 프린지는 눈썹 3/2지점 위로 올라간 F.S.P지점에서 스퀘어베이스, E.B.P 뒤에 검지를 대고 수직으로 사이드 블로킹, T.P에서 N.P까지 센타 라인으로 나눠서 두발이 흘러내리지 않도록 고정시킨다.

3. 마네킹의 머리 위치를 똑바로 하고 N.P 중심에서 약 1~1.5cm 폭으로 곡선 파팅을 나눈다. N.P에서 12~14cm 길이 가이드 라인을 잡는다.

4. B.P까지 컨벡스라인(Convex Line)으로 커트하고 N.P에서 B.P까지의 시술각은 90°로 커트한다.

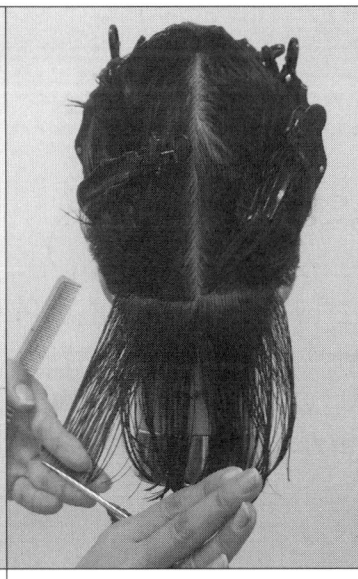

5. 두상의 곡면에서 양쪽 E.B.P 길이가 동일한지 확인해가며 커트한다.

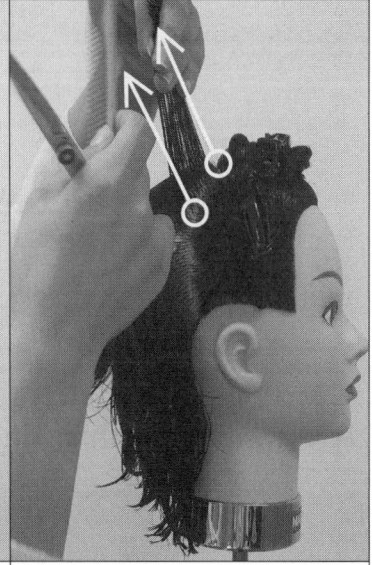

6. 크레스트(Crest) 지역의 커트 된 길이 가이드와 동일한 길이로 T.P까지 연결하여 커트한다.

기초커트

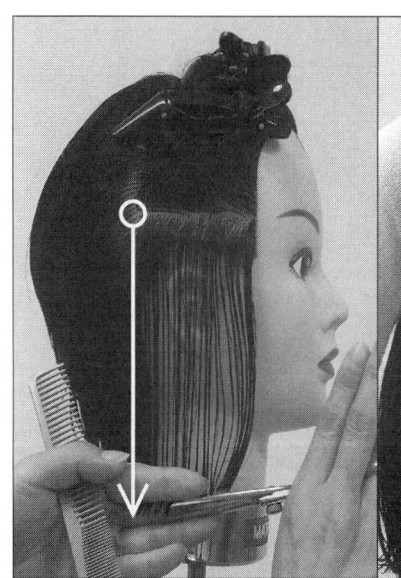 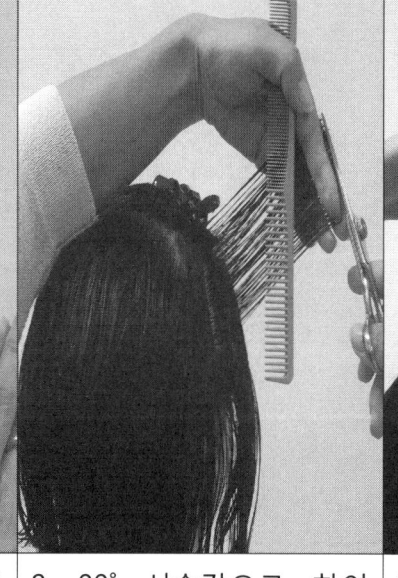 

7. 사이드 커트하기 전 측중선 길이 가이드를 1cm 정도 가져와서 자른 후 E.B.P와 N.C.P를 연결하여 형태선을 다듬는다.	8. 90° 시술각으로 하여 측중선 길이 가이드와 연결해서 자른다. 사이드를 수평으로 커트한 후 수직으로 슬라이스하여 커트된 시술각을 체크한다.	9. T.P~C.P는 12~14cm로 길이 가이드라인을 잡고 두상 곡면에서 90° 시술각으로 T.P에서 C.P로 이동하면서 자른다.

체크포인트

프린지 레이어 커트를 완성한 다음 크로스하여 들어보면 두상 곡면과 평행한 곡선 디자인 라인이 된다. 길이 가이드 라인은 N.P에서 12~14cm 정도로 하며, 네이프→백→탑→사이드→프린지 순서로 시술한다.

■ 학습자 완성사진 붙이기

유니폼레이어 정면	**유니폼레이어 후면**
유니폼레이어 우측	**유니폼레이어 좌측**

기초커트

■ 단원평가 및 포트폴리오

1. 유니폼레이어형에 대해 설명하시오.

1	블로킹	
2	머리위치	
3	파팅	
4	분배	
5	시술각	
6	손가락위치	
7	디자인라인	

제3장 헤어커트의 실제

유니폼레이어형 특징	
유니폼레이어형 이미지 사진	

VIII. 레이어형 재커트

1. 레이어형 재커트의 7가지 절차

1	블로킹	3등분 ① F.S.P → G.P → F.S.P ② E.P → B.P → E.P ③ Nape
2	머리위치	똑바로 (Up Right)
3	파팅	수평(Horizontal), 수직(Vertical), 피봇(Pivot)
4	분배	직각(Perpendicular)
5	시술각	90°
6	손가락위치	평행(Parallel)
7	디자인라인	이동 D.L

2. 레이어형 재커트의 실제

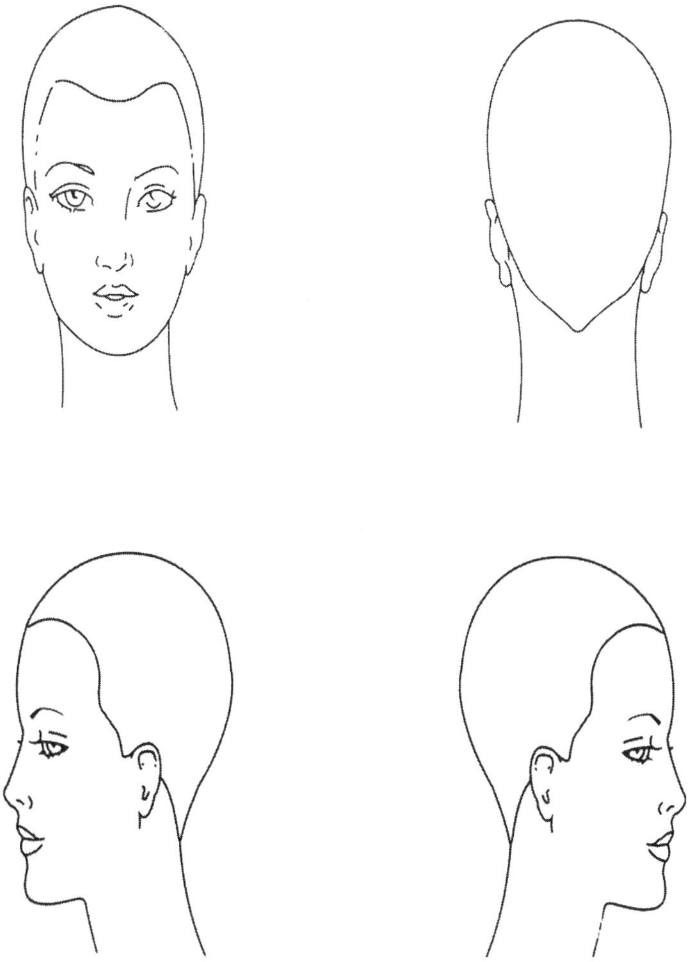

체크포인트

재커트는 스파니엘, 이사도라, 그래쥬에이션형 커트를 퍼머넌트 와인딩을 하기 위한 15분 안에 레이어 커트를 완성해야 하는 준비커트라고 할 수 있다.
C.P=14cm, G.P=14cm, B.P=14cm, N.P=12cm 길이로 자른다. 두발이 짧으면 퍼머넌트 제2형 과제 시 와인딩에 어려움이 있을 수 있다.

기초커트

▣ 학습자 완성사진 붙이기

레이어 재커트 정면	레이어 재커트 후면

레이어 재커트 우측	레이어 재커트 좌측

■ 단원평가

1. 재커트에 대해 설명하시오.

1	블로킹		
2	머리위치		
3	파팅		
4	분배		
5	시술각		
6	손가락위치		
7	디자인라인		

기초커트

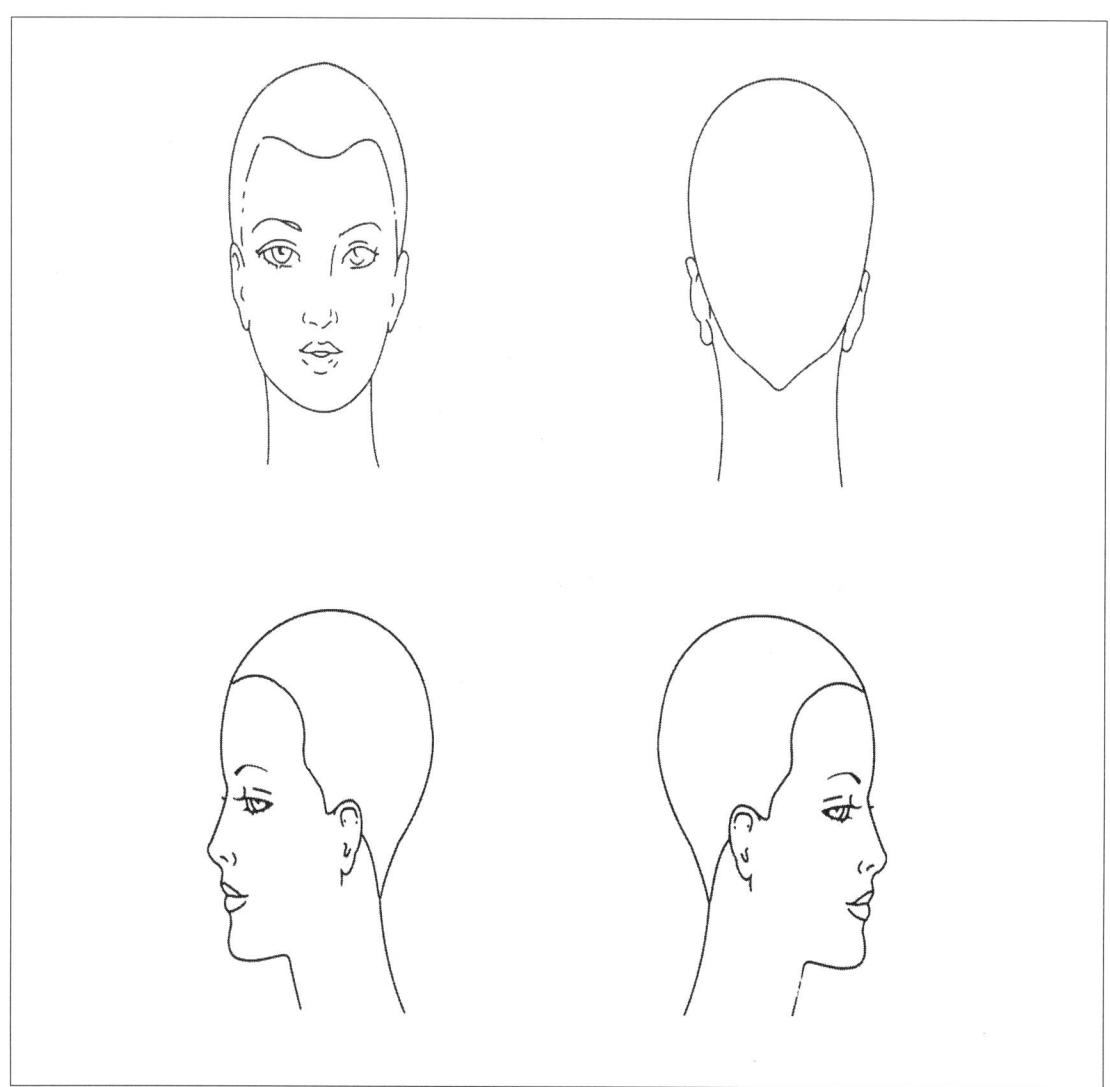

실습 노트 1

실습 제목 :

실습 일시 :

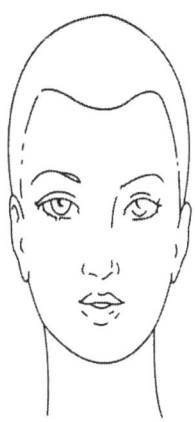
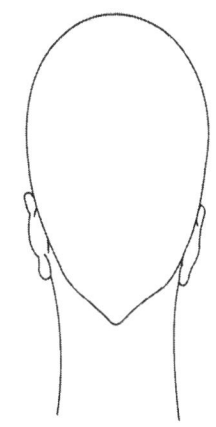
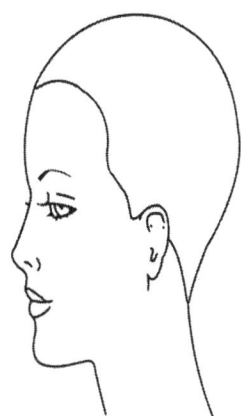
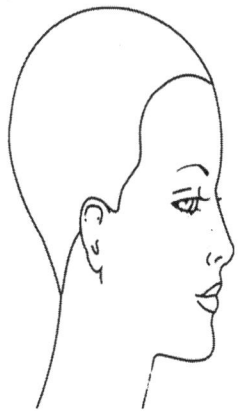

실습 노트 2

실습 제목 :

실습 일시 :

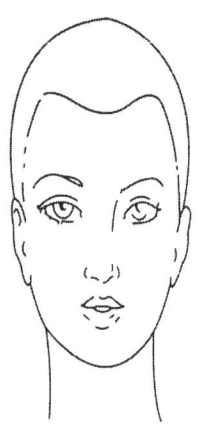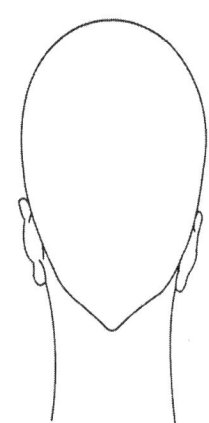
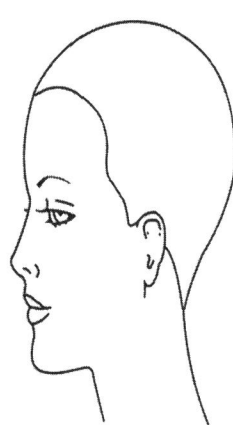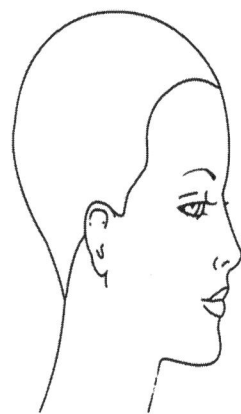

# 실습 노트 3

실습 제목 :

실습 일시 :

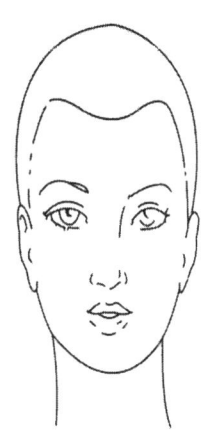
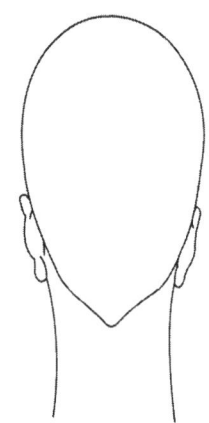
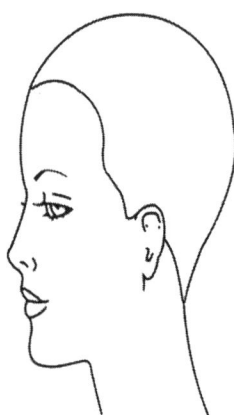
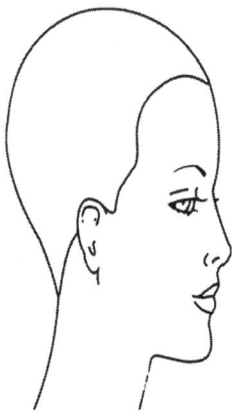

기초커트

실습 노트 4

실습 제목 :

실습 일시 :

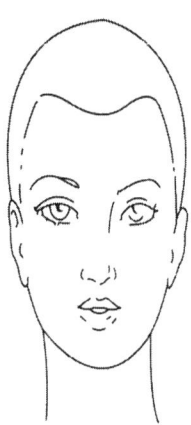
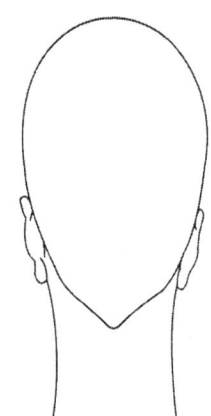
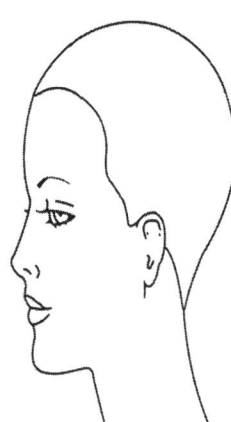
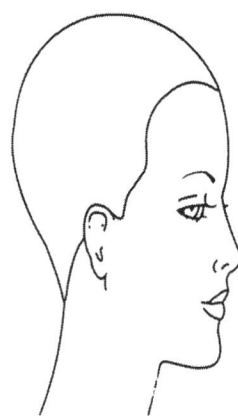

실습 노트 5

실습 제목 :

실습 일시 :

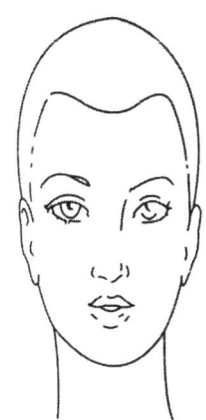
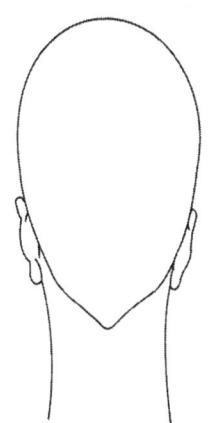
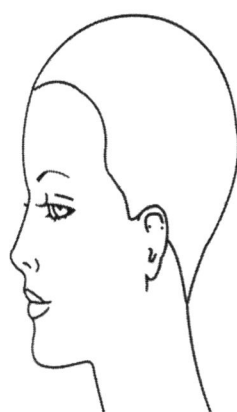
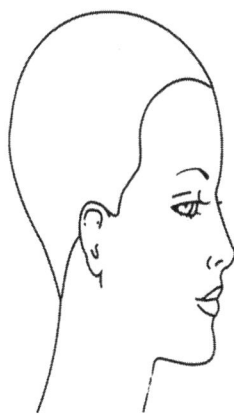

기초커트

실습 노트 6

실습 제목 :

실습 일시 :

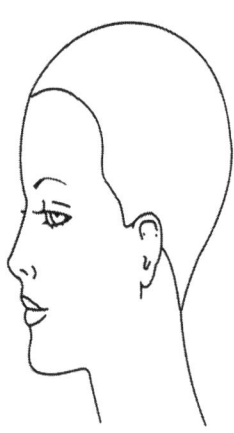
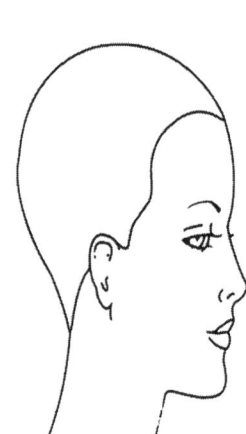

실습 노트 7

실습 제목 :

실습 일시 :

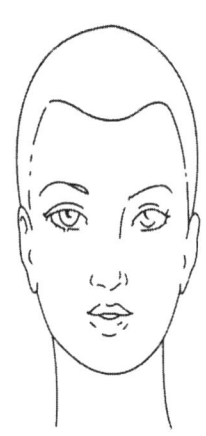
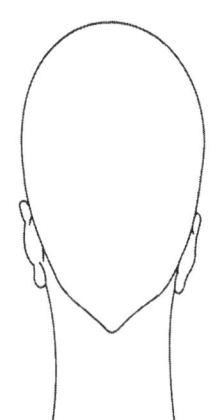
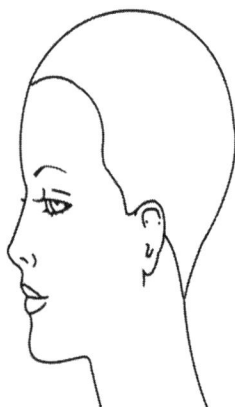
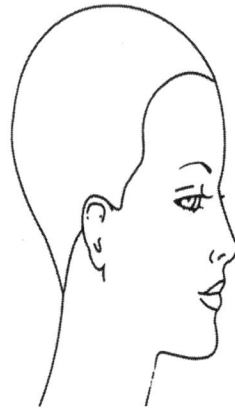

기초커트

실습 노트 8

실습 제목 :

실습 일시 :

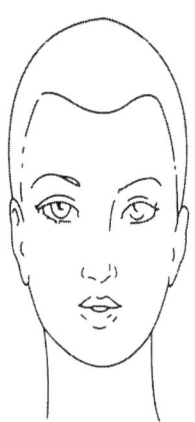
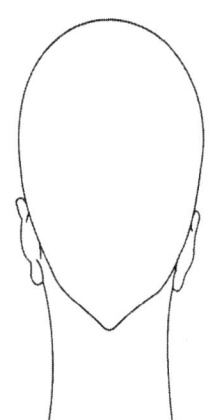
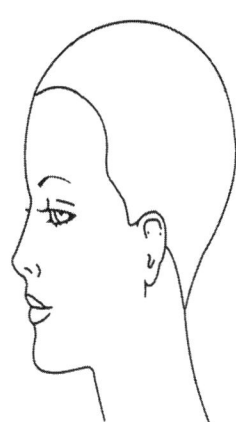
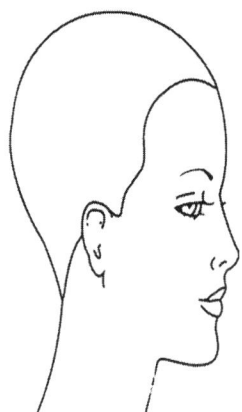

실습 노트 9

실습 제목 :

실습 일시 :

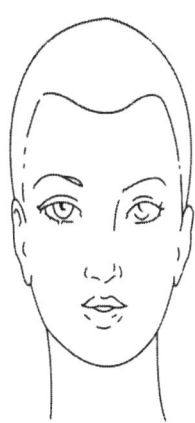
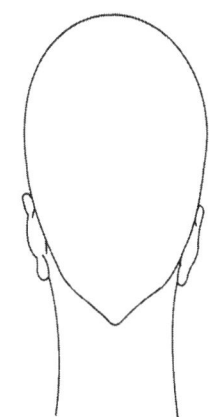
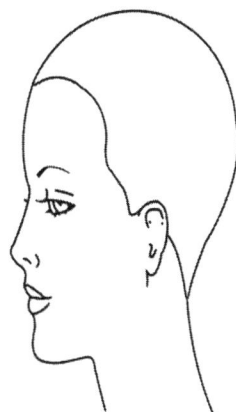
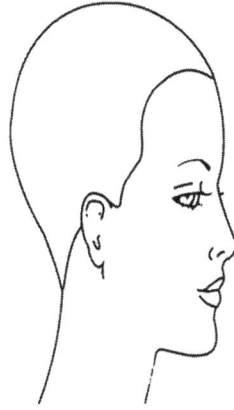

실습 노트 10

실습 제목 :

실습 일시 :

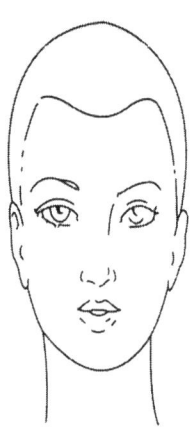
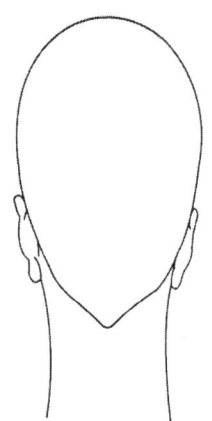
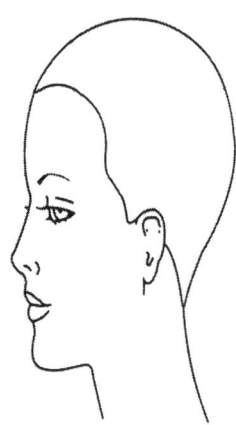
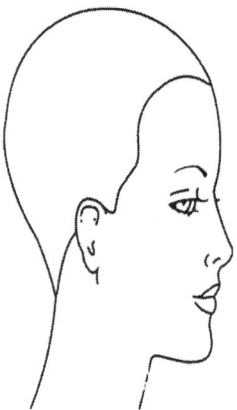

실습 노트 11

실습 제목 :

실습 일시 :

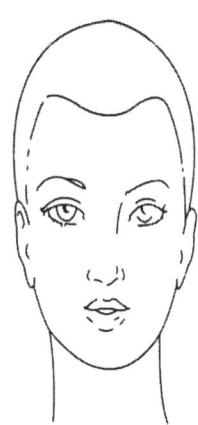
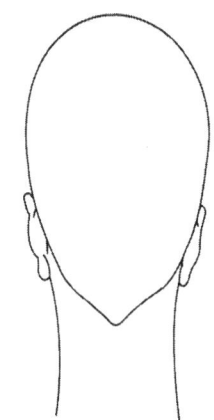
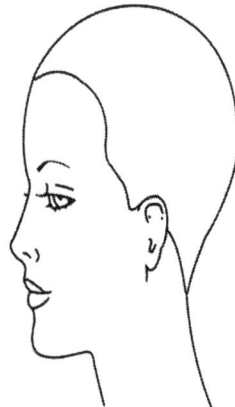
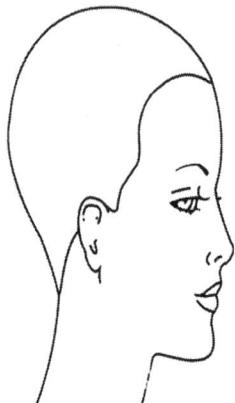

실습 노트 12

실습 제목 :

실습 일시 :

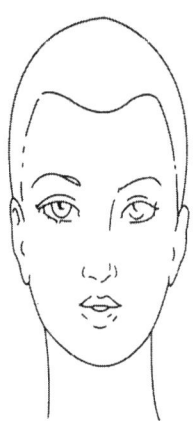
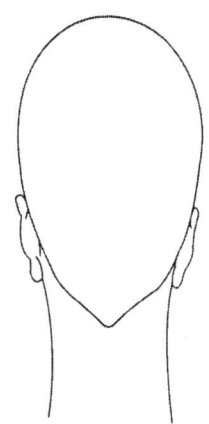
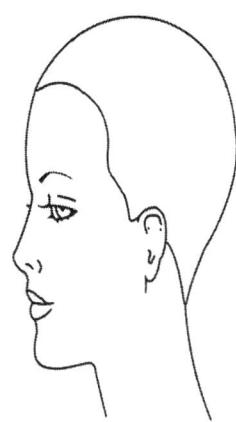
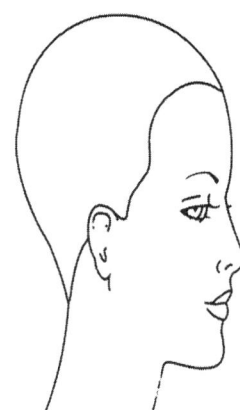

실습 노트 13

실습 제목 :

실습 일시 :

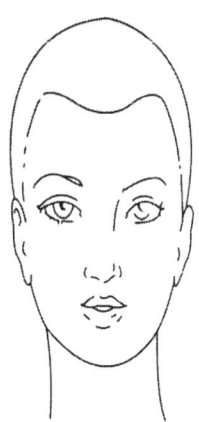
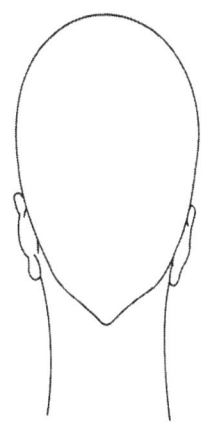
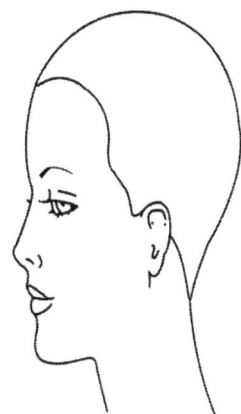
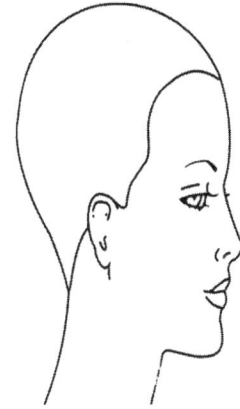

기초커트

실습 노트 14

실습 제목 :

실습 일시 :

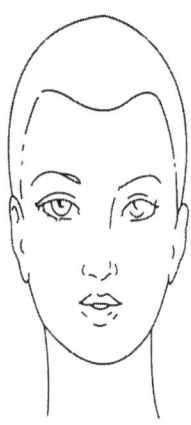
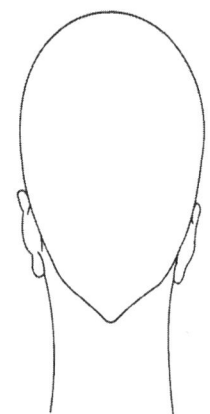
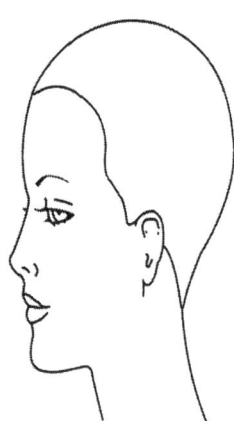
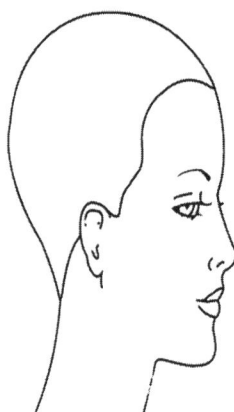

실습 노트 15

실습 제목 :

실습 일시 :

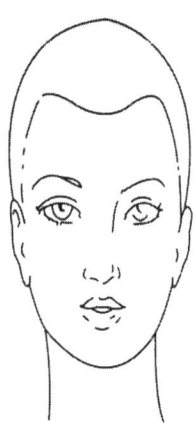
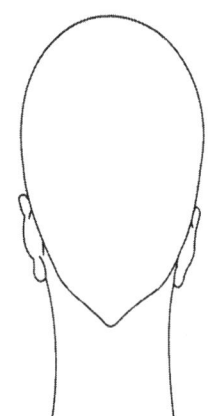
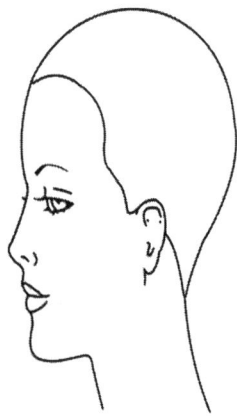
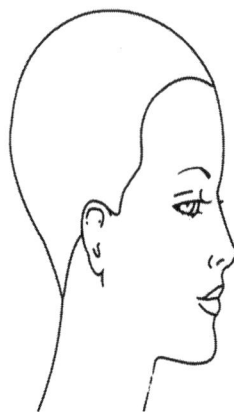

실습 노트 16

실습 제목 :

실습 일시 :

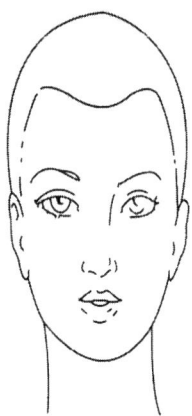
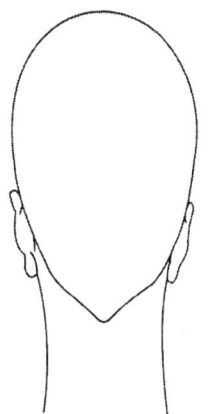
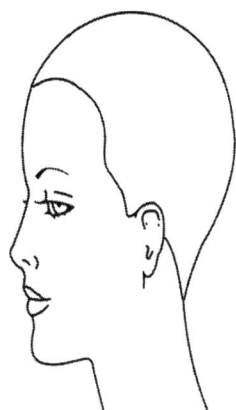
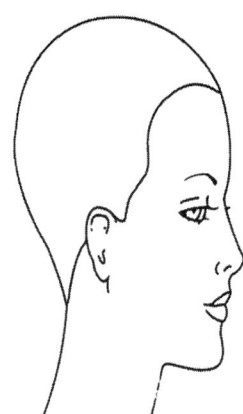

실습 노트 17

실습 제목 :

실습 일시 :

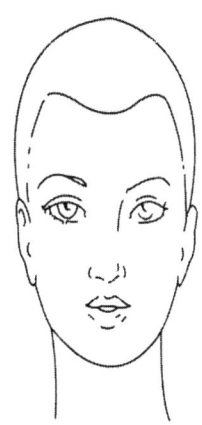
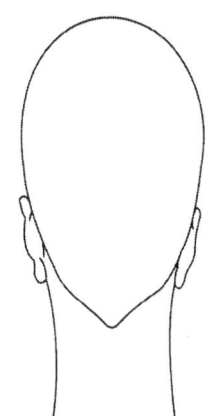
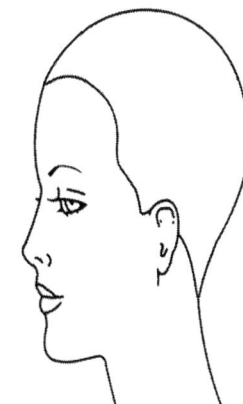
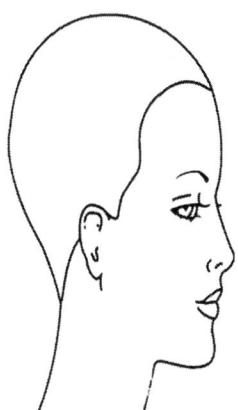

실습 노트 18

실습 제목 :

실습 일시 :

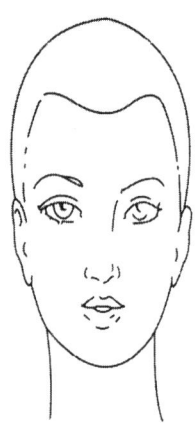
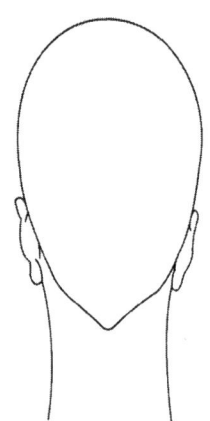
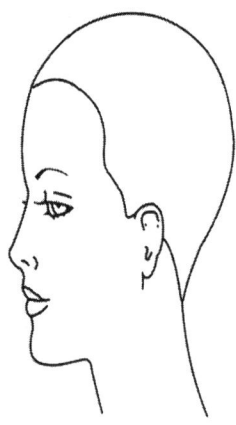
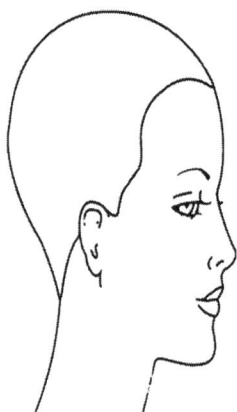

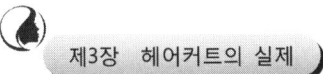

실습 노트 19

실습 제목 :

실습 일시 :

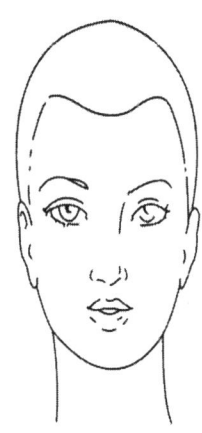
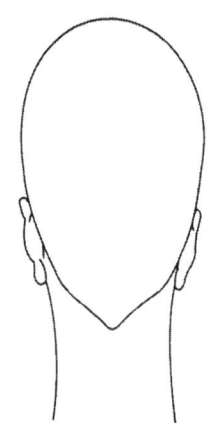
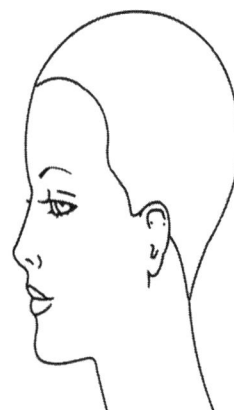
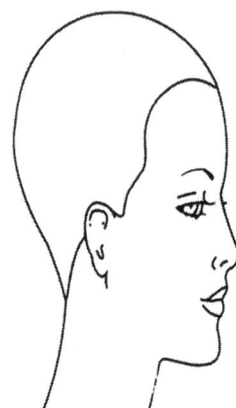

기초커트

실습 노트 20

실습 제목 :

실습 일시 :

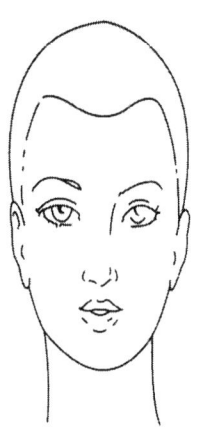
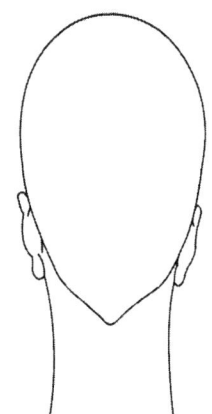
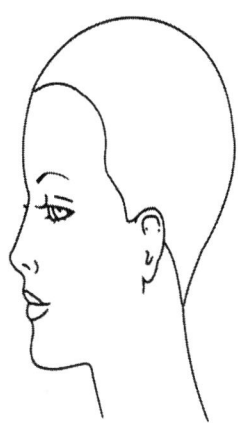
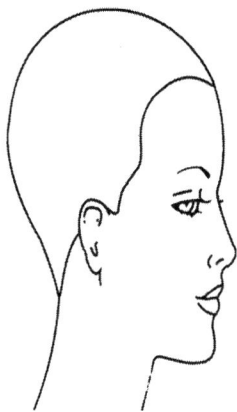

▣ 수행평가 (　　　) 　　일시:

주차	준비하기 (5점)			작업 시술하기 (10점)					마무리하기 (3점)		출석 (2점)	총점 (20점)
	실습복 착용	도구 준비 상태	모발 수분	위생 관리	가위 동작 자세	빗 동작 자세	클립 및 분무기 사용	블로킹 섹션 나누기	커트자세 (몸의 자세)	커트 완성도	콤아웃	도구 정리	주변 정리	출석 체크 (2점)	

피드백 :

□ 수행평가 (　　) 일시:

주차	준비하기 (5점)			작업 시술하기 (10점)					마무리하기 (3점)		출석 (2점)	총점 (20점)
	실습복 착용	도구 준비 상태	모발 수분	위생 관리	가위 동작 자세	빗 동작 자세	클립 및 분무기 사용	블로킹 섹션 나누기	커트자세 (몸의 자세)	커트 완성도	콤아웃	도구 정리	주변 정리	출석 체크 (2점)	

피드백 :

□ 수행평가 ( )   일시:

주차	준비하기 (5점)			작업 시술하기 (10점)						마무리하기 (3점)		출석 (2점)	총점 (20점)
	실습복 착용	도구 준비 상태	모발 수분 위생 관리	가위 동작 자세	빗 동작 자세	클립 및 분무기 사용	블로킹 색션 나누기	커트자세 (몸의 자세)	커트 완성도	콤아웃	도구 정리	주변 정리	출석 체크 (2점)	

피드백 :

▣ 수행평가 (　　　　)　　일시:

주차	준비하기 (5점)			작업 시술하기 (10점)					마무리하기 (3점)		출석 (2점)	총점 (20점)
	실습복 착용	도구 준비 상태	모발 수분	위생 관리	가위 동작 자세	빗 동작 자세	클립 및 분무기 사용	블로킹 섹션 나누기	커트자세 (몸의 자세)	커트 완성도	품아웃	도구 정리	주변 정리	출석 체크 (2점)	

피드백 :

■ 수행평가 (　　　)

일시:

주차	준비하기 (5점)			작업 시술하기 (10점)					마무리하기 (3점)		출석 (2점)	총점 (20점)
	실습복 착용	도구 준비 상태	모발 수분	위생 관리	가위 동작 자세	빗 동작 자세	클립 및 분무기 사용	블로킹 섹션 나누기	커트자세 (몸의 자세)	커트 완성도	콤아웃	도구 정리	주변 정리	출석 체크 (2점)	

피드백 :

수행평가 ( )   일시:

주차	준비하기 (5점)			작업 시술하기 (10점)					마무리하기 (3점)		출석 (2점)	총점 (20점)
	실습복 착용	도구 준비 상태	모발 수분	위생 관리	가위 동작 자세	빗 동작 자세	클립 및 분무기 사용	블로킹 섹션 나누기	커트자세 (몸의 자세)	커트 완성도	콤아웃	도구 정리	주변 정리	출석 체크 (2점)	

피드백 :

HAIR CUT ✂
제4장

헤어커트의 분석

Ⅰ. 커트 분석 1

Ⅱ. 커트 분석 2

I. 커트 분석 1

Fig 1과 같이 후두골(Occipital bone) : 1, 두정골(Parietal bone) :2와 3, 전두골(Frontal bone) : 4, 측두골(Temporal bone) : 2-1로 영역분할 하여 분석하시오.

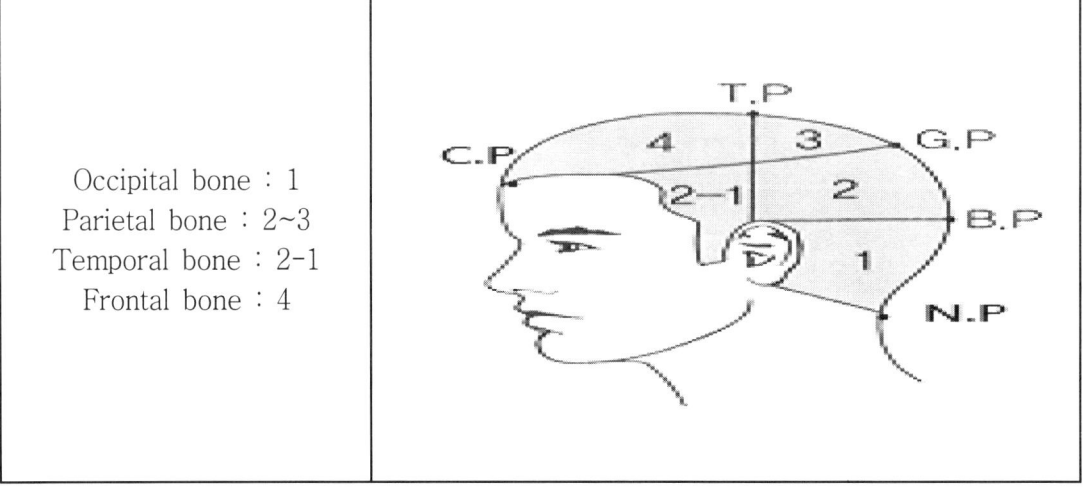

Fig. 1. Region segmentation

헤어디자인 방법에서 가장 기본이 되는 형태적용은 헤어커트이다. 헤어디자인에서 모발 길이는 네이프 포인트(nape point: N.P)를 기준점으로 짧은 길이(short)는 5cm 이하, 중간 길이 헤어스타일(medium)은 5cm~15cm 이하, 긴 길이 헤어스타일(long)은 15cm 이상으로 수치화하였고(권오혁, 2009), 커트형태는 솔리드(Solid), 그레쥬에이션(Graduation), 인크리스 레이어(Increase Layer), 유니폼 레이어(Uniform Layer)로 분류하였다(Pivot Point, 2002).

No. 1

	1	2~3	2-1	4
커트 형태	S(Solid) G(Graduation) I(Increase Layer) U(Uniform Layer)			
모발 길이	S (Short)		M (Medium)	L (Long)
헤어 스타일링	적용도구			
	적용방법			

No. 2

	1	2~3	2-1	4
커트 형태	S(Solid) G(Graduation) I(Increase Layer) U(Uniform Layer)			
모발 길이	S (Short)		M (Medium)	L (Long)
헤어 스타일링	적용도구			
	적용방법			

기초커트

No. 3

	1	2~3	2-1	4
커트 형태	S(Solid) G(Graduation) I(Increase Layer) U(Uniform Layer)			
모발 길이	S (Short)		M (Medium)	L (Long)
헤어 스타일링	적용도구			
	적용방법			

No. 4

	1	2~3	2-1	4
커트 형태	S(Solid) G(Graduation) I(Increase Layer) U(Uniform Layer)			
모발 길이	S (Short)		M (Medium)	L (Long)
헤어 스타일링	적용도구			
	적용방법			

No. 5

	1	2~3	2-1	4
커트 형태	S(Solid) G(Graduation) I(Increase Layer) U(Uniform Layer)			
모발 길이	S (Short)		M (Medium)	L (Long)
헤어 스타일링	적용도구			
	적용방법			

No. 6

	1	2~3	2-1	4
커트 형태	S(Solid) G(Graduation) I(Increase Layer) U(Uniform Layer)			
모발 길이	S (Short)		M (Medium)	L (Long)
헤어 스타일링	적용도구			
	적용방법			

기초커트

No. 7

커트 형태	1	2~3	2-1	4
	S(Solid) G(Graduation) I(Increase Layer) U(Uniform Layer)			
모발 길이	S (Short)	M (Medium)		L (Long)
헤어 스타일링	적용도구			
	적용방법			

No. 8

커트 형태	1	2~3	2-1	4
	S(Solid) G(Graduation) I(Increase Layer) U(Uniform Layer)			
모발 길이	S (Short)	M (Medium)		L (Long)
헤어 스타일링	적용도구			
	적용방법			

No. 9

커트 형태	1	2~3	2-1	4
	S(Solid) G(Graduation) I(Increase Layer) U(Uniform Layer)			

모발 길이	S (Short)	M (Medium)	L (Long)

| 헤어 스타일링 | 적용도구 | |
| | 적용방법 | |

No. 10

커트 형태	1	2~3	2-1	4
	S(Solid) G(Graduation) I(Increase Layer) U(Uniform Layer)			

모발 길이	S (Short)	M (Medium)	L (Long)

| 헤어 스타일링 | 적용도구 | |
| | 적용방법 | |

기초커트

No. 11

	1	2~3	2-1	4
커트 형태	S(Solid) G(Graduation) I(Increase Layer) U(Uniform Layer)			
모발 길이	S (Short)	M (Medium)		L (Long)
헤어 스타일링	적용도구			
	적용방법			

No. 12

	1	2~3	2-1	4
커트 형태	S(Solid) G(Graduation) I(Increase Layer) U(Uniform Layer)			
모발 길이	S (Short)	M (Medium)		L (Long)
헤어 스타일링	적용도구			
	적용방법			

No. 13

	1	2~3	2-1	4
커트 형태	\multicolumn{4}{c}{S(Solid) / G(Graduation) / I(Increase Layer) / U(Uniform Layer)}			
모발 길이	S (Short)		M (Medium)	L (Long)
헤어 스타일링	적용도구			
	적용방법			

No. 14

	1	2~3	2-1	4
커트 형태	\multicolumn{4}{c}{S(Solid) / G(Graduation) / I(Increase Layer) / U(Uniform Layer)}			
모발 길이	S (Short)		M (Medium)	L (Long)
헤어 스타일링	적용도구			
	적용방법			

기초커트

No. 15

		1	2~3	2-1	4
커트 형태		S(Solid) G(Graduation) I(Increase Layer) U(Uniform Layer)			
모발 길이		S (Short)	M (Medium)	L (Long)	
헤어 스타일링	적용도구				
	적용방법				

No. 16

		1	2~3	2-1	4
커트 형태		S(Solid) G(Graduation) I(Increase Layer) U(Uniform Layer)			
모발 길이		S (Short)	M (Medium)	L (Long)	
헤어 스타일링	적용도구				
	적용방법				

No. 17

	1	2~3	2-1	4
커트 형태	S(Solid) G(Graduation) I(Increase Layer) U(Uniform Layer)			
모발 길이	S (Short)		M (Medium)	L (Long)
헤어 스타일링	적용도구			
	적용방법			

No. 18

	1	2~3	2-1	4
커트 형태	S(Solid) G(Graduation) I(Increase Layer) U(Uniform Layer)			
모발 길이	S (Short)		M (Medium)	L (Long)
헤어 스타일링	적용도구			
	적용방법			

기초커트

No. 19

	1	2~3	2-1	4
커트 형태	S(Solid) G(Graduation) I(Increase Layer) U(Uniform Layer)			
모발 길이	S (Short)		M (Medium)	L (Long)
헤어 스타일링	적용도구			
	적용방법			

No. 20

	1	2~3	2-1	4
커트 형태	S(Solid) G(Graduation) I(Increase Layer) U(Uniform Layer)			
모발 길이	S (Short)		M (Medium)	L (Long)
헤어 스타일링	적용도구			
	적용방법			

No. 21

	1	2~3	2-1	4
커트 형태	S(Solid) G(Graduation) I(Increase Layer) U(Uniform Layer)			
모발 길이	S (Short)		M (Medium)	L (Long)
헤어 스타일링	적용도구			
	적용방법			

No. 22

	1	2~3	2-1	4
커트 형태	S(Solid) G(Graduation) I(Increase Layer) U(Uniform Layer)			
모발 길이	S (Short)		M (Medium)	L (Long)
헤어 스타일링	적용도구			
	적용방법			

기초커트

No. 23

		1	2~3	2-1	4
	커트 형태	\multicolumn{4}{c}{S(Solid) / G(Graduation) / I(Increase Layer) / U(Uniform Layer)}			
	모발 길이	S (Short)		M (Medium)	L (Long)
	헤어 스타일링	적용도구			
		적용방법			

커트 형태 항목:
- S(Solid)
- G(Graduation)
- I(Increase Layer)
- U(Uniform Layer)

No. 24

		1	2~3	2-1	4
	커트 형태				
	모발 길이	S (Short)		M (Medium)	L (Long)
	헤어 스타일링	적용도구			
		적용방법			

커트 형태 항목:
- S(Solid)
- G(Graduation)
- I(Increase Layer)
- U(Uniform Layer)

No. 25				
		1	2~3	2-1	4
	커트 형태	S(Solid) G(Graduation) I(Increase Layer) U(Uniform Layer)			
	모발 길이	S (Short)	M (Medium)	L (Long)	
	헤어 스타일링	적용도구			
		적용방법			

기초커트

II. 커트 분석 2

솔리드형(스파니엘)

특 징	
이미지	
구조도	
모양	

사 진

솔리드형(패러럴)

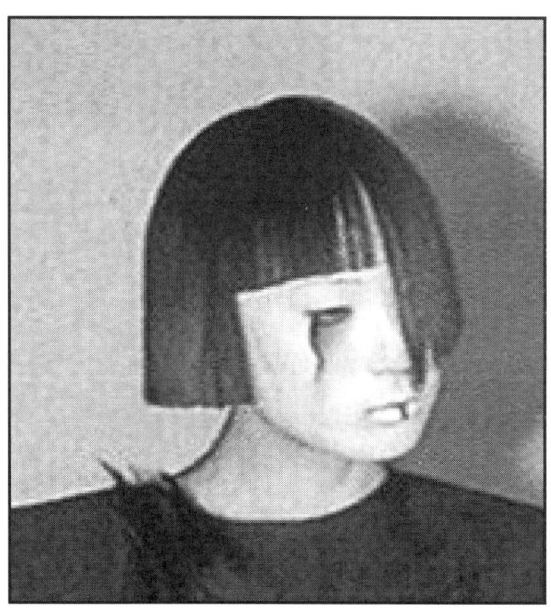

특 징	
이미지	
구조도	
모양	

사 진

기초커트

솔리드형(이사도라)

특 징	
이미지	
구조도	
모양	

사 진

솔리드형(머쉬룸)

특 징	
이미지	
구조도	
모 양	

기초커트

그래쥬에이션

특 징	
이미지	
구조도	
모양	

인크리스레이어

특 징	
이미지	
구조도	
모양	

사 진

유니폼레이어

특 징	
이미지	
구조도	
모양	

사 진

참/고/문/헌

김선영(2006). 그래쥬에이션 헤어스타일의 시술각도와 경사선의 관한 연구, 미용교육포럼학회지 6권 1호, 15-32.

김서희, 정원지(2007). 기초커트, 솔.

국가직무능력표준(2017). http://www.ncs.go.kr

교육부(2014~2015).

사이리(1999). 사이 리 커트, 도서출판 사이리즘.

오영애, 문승재, 김세원(2016). 미용사일반. 크라운출판사.

이용란(2004). 헤어스타일의 텍스쳐 표현에 관한 연구 -비율과 리듬을 중심으로-, 용인대학교 석사학위논문.

이형숙(2011). 한국 미용자격증과 면허증에 대한 인식조사. 서경대학교 석사학위논문.

정인심(2007). 비달사순과 피봇 포인트 교육이 헤어 컷의 형태 도출에 미친 영향. 한남대학교 석사학위논문.

정원지(2008). 헤어 커트의 형태 변화요인에 대한 실증연구, 서울벤처정보대학교 박사학위논문.

Pivot Point(2001). HAIR SCULPTURE LADIES, Pivot Point International, Inc.

저/자/소/개

박춘란 / 순천청암대학교 교수, 미용장

장송주 / 순천청암대학교 교수, 미용장

Narional Compercncy Srandards NCS
http://www.ncs.go.kr

NCS기반에 따른 직무능력표준 학습모듈
기초커트

저 자 | **박춘란 / 장송주** 共著

발 행 처 | 에듀컨텐츠휴피아
발 행 인 | 李 相 烈
발 행 일 | 초판 1쇄 • 2018년 1월 30일

출판등록 | 제22-682호 (2002년 1월 9일)
주 소 | 서울 광진구 자양로 30길 79
전 화 | (02) 443-6366
팩 스 | (02) 443-6376
e-mail | huepia@daum.net
web | http://cafe.naver.com/eduhuepia
만든사람들 | 기획・**김수아** / 책임편집・**이지원 김보경 유현주**
디자인・**김미나** / 영업・**이순우**

정 가 | 11,000원
I S B N | **978-89-6356-215-5** (93590)

※ 책의 일부 또는 전체에 대하여 무단복사, 복제는 저작권법에 위배됩니다.